应用型本科电气工程及自动化专业系列教材

湖北文理学院协同育人专项经费资助项目

PLC、触摸屏及组态软件的工程应用

主　编　王培元　冯浩源

副主编　杨　辉　罗全文　刘会玲　付向阳　赖胜飞

西安电子科技大学出版社

内 容 简 介

本书介绍了现代工业控制系统关键技术 PLC、组态软件、触摸屏以及现场总线技术的基础知识和综合应用实例。全书共 8 章，主要内容包括电气控制的基础知识、工业通信连接、T6216C 落地镗床电气控制实例、C516A 立式车床的 PLC 控制设计、840Dsl 数控系统在重型数控卧车上的应用、FANUC 0i-MD 数控系统在立式加工中心上的应用、高速动平衡试验站系统设计编程及调试、总线在实际工程项目中的应用。书中的工程应用实例都是工程技术人员近几年亲手设计、现场安装、现场调试后的典型案例。

本书不仅有基础理论的介绍，还包含了常用自动化设备在工程项目中的具体应用，为自动化专业学生和工程技术人员提供了工程训练范例。

本书可作为高等院校电气控制、机电工程、计算机控制、自动化等相关专业的教学用书，也可作为大专院校学生及工程技术人员的培训和自学用书。

图书在版编目(CIP)数据

PLC、触摸屏及组态软件的工程应用 / 王培元，冯浩源主编. —西安：西安电子科技大学出版社，2020.10(2021.10 重印)
ISBN 978-7-5606-5791-2

Ⅰ. ① P... Ⅱ. ① 王... ② 冯... Ⅲ. ① PLC 技术 ② 触摸屏 Ⅳ. ① TM571.61 ② TP334.1

中国版本图书馆 CIP 数据核字(2020)第 147280 号

策划编辑 杨丕勇 秦志峰
责任编辑 蔡雅梅 杨丕勇
出版发行 西安电子科技大学出版社(西安市太白南路 2 号)
电　　话 (029)88202421 88201467　　邮　　编 710071
网　　址 www.xduph.com　　电子邮箱 xdupfxb001@163.com
经　　销 新华书店
印刷单位 咸阳华盛印务有限责任公司
版　　次 2020 年 10 月第 1 版　　2021 年 10 月第 2 次印刷
开　　本 787 毫米×1092 毫米 1/16 印　张 15
字　　数 353 千字
印　　数 501～1500 册
定　　价 39.00 元

ISBN 978-7-5606-5791-2 / TM
XDUP 6093001-2
如有印装问题可调换

前　言

随着工业自动化水平的迅速提高和计算机在工业领域的广泛应用，人们对工业自动化的要求越来越高。PLC、触摸屏、组态软件和现场总线等自动化控制技术已成为自动化控制领域重要的组成部分，并以迅猛的速度不断地发展。作为从事自动化相关行业的技术人员，了解掌握 PLC、触摸屏、组态软件和现场总线技术是十分必要的。

本书通过精选工程应用实例，分析常用自动化设备在工程项目中的应用，包括可编程控制器(PLC)控制、数字控制技术控制、过程现场总线控制、继电器控制、电机拖动等电气控制技术，为学生在完成大学本专业的理论课程后进行实际动手操作提供工程训练范例。本书所讲述的工程应用实例都是工程技术人员近几年亲手设计、现场安装、现场调试后的典型案例。

全书共 8 章。

第 1 章、第 2 章为基本知识部分，详述了 PLC 结构、工作原理以及编程软件，WinCC V7.0 功能及其基本操作，触摸屏功能和 WinCC flexible 基础使用，以及工业通信总线 PROFIBUS 及其 STEP7 组态编程。第 3 章至第 7 章为工程应用实例。第 3、4 章以 T6216C 落地镗床和 C516A 立式车床结构、特性为研究对象，介绍对其进行技术改造的思路、方案、步骤以及 PLC 的工程应用。第 5、6 章以数控系统在大型机床中的应用为例，介绍 PLC、触摸屏的工程应用。第 7 章主要介绍组态软件和 PLC 在高速动平衡试验站系统中的工程应用。第 8 章主要介绍 PROFIBUS 总线在实际工程项目中的一些应用经验，为今后其它工业互联网通信应用打下基础，使读者做到融会贯通。这些工程应用实例也包括了常用自动化设备在工程项目中的应用，如 PLC 控制、数字控制技术、过程现场总线控制、电机拖动等电气控制技术以及触摸屏、组态软件的应用等，为学生学完理论课程后开展实际操作提供工程训练范例。

本书由湖北文理学院王培元和湖北欧安电气股份有限公司冯浩源工程师担任主编，杨辉、罗全文、刘会玲、付向阳、赖胜飞担任副主编。第 1、2 章由王培元编写，第 3 章由刘会玲、冯浩源编写，第 4 章由赖胜飞编写，第 5、6 章由罗全文、杨辉编写，第 7、8 章由付向阳编写；廖育武、贾巍参与了本书的校对工作；湖北欧安电气股份有限公司在案例和插图方面提供了大力支持。

本书是专门针对"湖北省高等学校战略性新兴（支柱）产业计划项目"；和"教育部普通高等学校转型发展计划试点项目"编写的。在编写过程中力求突出"新"字，做到知识新、工艺新、技术新，使教材更具先进性，内容更加实用，既适合作为自动化专业的实训教材，为学生今后走上工作岗位打下基础，也可作为企业招聘工程技术人员的培训教材。

由于时间仓促，书中不足之处在所难免，希望读者提出宝贵意见和建议。

编　者

2020 年 5 月

目　　录

第 1 章　电气控制的基础知识

随着工业自动化水平的迅速提高和计算机在工业领域的广泛应用，人们对工业自动化的要求越来越高。PLC、触摸屏、组态软件和现场总线等自动化控制技术已成为自动化控制领域中重要的部分，并飞速发展。

自 20 世纪 40 年代以来，自动化控制技术获得了惊人的发展。20 世纪 50 年代前后，部分工厂企业的生产过程实现了仪表化和局部自动化，生产过程中的关键参数普遍采用基地式仪表和部分单元组合仪表(多数为气动仪表)等进行显示；20 世纪 60 年代，随着工业生产和电子技术的不断发展，大量气动、电动单元组合仪表甚至组装仪表被广泛用于对关键参数进行指示，同时计算机控制系统开始应用于过程控制，以实现直接数字控制和设定值控制等。

20 世纪 70 年代后，计算机的开发、应用和普及使工业企业全厂或整个工艺流程的集中控制成为可能。分布式工业网络控制系统应运而生，并且得到了飞速发展。典型的分布式工业网络控制系统如图 1-1 所示，通常包括现场设备层、控制层、监控层和管理层 4 个层次结构。现场设备层负责信号的采集、转换和执行；控制层完成对现场工艺过程的逻辑控制；监控层实现对多个控制设备的集中管理，以完成生产运行过程的监控；管理层则对生产数据进行管理、统计和查询等。其中，控制层的运行主要依靠 PLC 实现；监控层主要由组态软件或触摸屏负责控制；现场总线技术承担着各层间的安全，完成实时有效的通信。

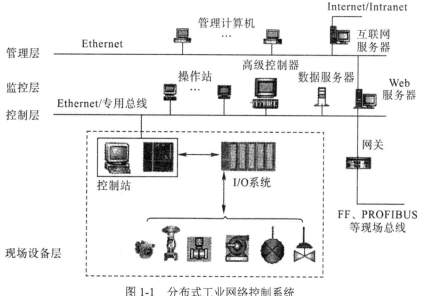

图 1-1　分布式工业网络控制系统

1.1 PLC 硬件结构及编程软件

PLC(Programmable Logic Controller)即可编程控制器，是一种具有微处理器的用于自动化控制的数字运算控制器，可以将控制指令随时载入内存进行存储，执行逻辑运算、顺序控制、定时、计数与算术操作等面向用户的指令，并通过数字或模拟式输入/输出来控制各种类型的机械或生产过程。PLC 是工业控制的核心部分。

1.1.1 PLC 的硬件结构与工作原理

1. PLC 的定义

国际电工委员会(IEC)于 1987 年对 PLC 定义如下：

"可编程序控制器是一种数字运算操作的电子系统，专为工业环境而设计。它采用了可编程序的存储器，用来在其内部存储指令，实现逻辑运算、顺序控制、定时、计数和算术运算等功能，并通过数字式和模拟式的输入和输出，控制各种类型的机械或生产过程。可编程序控制器及其有关外围设备，都应按易于与工业系统连成一个整体、易于扩充其功能的原则设计。"

2. PLC 的基本组成

PLC 种类繁多，但其结构和工作原理基本相同。PLC 采用典型的计算机结构，主要由中央处理器(CPU)、存储器(RAM、ROM)、输入/输出单元(I/O 接口)、电源、编程器及扩展接口等部分组成。PLC 的结构框图如图 1-2 所示。

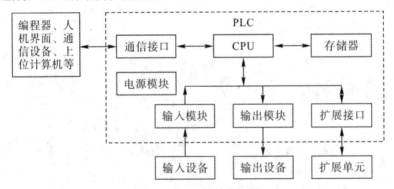

图 1-2 PLC 的结构框图

1) 中央处理器(CPU)

中央处理器(CPU)是 PLC 的核心，一般由控制器、运算器和寄存器组成。CPU 通过数据总线、地址总线和控制总线与存储单元、输入/输出接口、通信接口等电路相连接。

CPU 的主要任务有：控制用户程序和数据的接收与存储；用扫描的方式通过 I/O 部件接收现场的状态或数据，并存入输入映像寄存器或数据存储器中；诊断 PLC 内部电路的工作故障和编程中的语法错误等；PLC 进入运行状态后，从存储器中逐条读取用户指令，经过命令解释后按指令规定的任务产生相应的控制信号。

不同型号的 PLC 其 CPU 芯片是不同的,一般包括通用微处理器(如 Z80、8086、80286 等)、单片机芯片(如 8031、8096 等)和位处理器(如 ADM29W 等)三大类型。

2) 存储器(RAM、ROM)

PLC 的存储器包括系统存储器和用户存储器两部分。

系统存储器用来存放由 PLC 生产厂家编写的系统程序,并固化在 ROM 内,和 PLC 的硬件组成有关,完成系统诊断、命令解释、功能子程序调用管理、逻辑运算、通信及各种参数设定等功能,可提供 PLC 运行的平台,用户不能直接更改。

用户存储器包括用户程序存储器(程序区)和功能存储器(数据区)两部分。用户程序存储器用来存放用户根据控制任务编写的程序,包括 RAM(有掉电保护)、EPROM 或 EEPROM 存储器。用户功能存储器可用来存放(记忆)用户程序中使用器件的(ON/OFF)状态/数值数据等。

3) 输入/输出单元(I/O 接口)

输入/输出单元通常也称 I/O 单元或 I/O 模块,是 PLC 与工业生产现场之间的连接部件。PLC 通过输入接口可以检测被控对象的各种数据,以这些数据作为 PLC 对被控对象进行控制的依据;同时 PLC 又通过输出接口将处理结果传送给被控对象,以实现控制目的。

输入/输出单元从广义上包含两部分:一是与被控设备相连接的接口电路;另一部分是输入和输出的映像寄存器。

输入单元接受来自用户设备的各种控制信号,如限制开关、操作按钮以及其它传感器的信号。通过接口电路将这些信号转换成 CPU 能够识别和处理的信号,并存入输入映像寄存器。运行时,CPU 从输入映像寄存器读取输入信息并进行处理,将处理结果存放到输出映像寄存器。输入/输出映像寄存器由与输出点相对的触发器组成,输出接口电路将其由弱电控制信号转换成现场需要的强电信号输出,以驱动电磁阀、接触器、指示灯等被控制设备的执行元件。

由于 PLC 在工业生产现场工作,对输入/输出接口有两个主要的要求:一是接口有良好的抗干扰能力;二是接口能满足工业现场信号的匹配要求。另外,I/O 接口上通常包括状态指示,可直观地显示工作状况,便于维护。为适应不同输入/输出信号的需要,PLC 设置有多种输入/输出接口,主要有开关量输入/输出接口、模拟量输入/输出接口、智能输入/输出接口等。

有些 I/O 接口带有光耦合器。当系统的 I/O 点数不够时,可通过 PLC 的 I/O 扩展接口对系统进行扩展。

4) 电源

PLC 一般使用 220 V 的交流电源,电源部件将交流电转换成 PLC 的中央处理器、存储器等电路工作所需的直流电,使 PLC 能正常工作。

常用的电源电路有串联稳压电路、开关式稳压电路和设有变压器的逆变式电路。电源部件的位置形式可有多种,对于整体式结构的 PLC,通常电源封装到机箱内部;对于模块式 PLC,可采用单独电源模块,或将电源与 CPU 封装到一个模块中。

5) 扩展接口

扩展接口用于将扩展单元以及功能模块与基本单元相连,使 PLC 的配置更加灵活,以满足不同控制系统的需要。

6) 通信接口

为了实现"人—机"或"机—人"之间的对话，PLC 配有多种通信接口。PLC 通过这些通信接口可以与监视器、打印机及其他的 PLC 或计算机相连。

7) 编程器

编程器的作用是供用户进行程序的编辑、调试，也可在线监控 PLC 内部状态和参数，与 PLC 进行人机对话。

智能型的编程器又称图形编程器，它既可以联机编程，也可以脱机编程；具有 LCD 或 CRT 图形显示功能，也可以直接输入梯形图并通过屏幕对话。

8) 其他部件

有些 PLC 还可配设其他一些外部设备，例如存储器卡、EPROM 写入器、高分辨率大屏幕彩色图形监控系统、打印机、工业计算机等。

3. PLC 的工作过程

PLC 采用循环扫描工作方式。其工作过程主要分为输入采样阶段、程序执行阶段和输出刷新阶段 3 个阶段，其工作过程如图 1-3 所示。

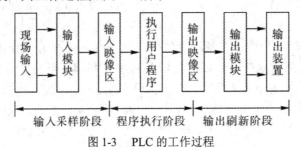

图 1-3　PLC 的工作过程

1) 输入采样阶段

在输入采样阶段，PLC 首先扫描所有输入端子，并将各输入状态存入相对应的输入映像寄存器中，这一过程称为采样。此时，输入映像寄存器被刷新。然后，系统进入程序执行阶段，在此阶段和输出刷新阶段，输入映像寄存器与外界隔离，无论输入信号如何变化，其内容保持不变，直到下一个扫描周期的输入采样阶段，才重新写入输入端的新内容。通常，输入信号的宽度要大于一个扫描周期，否则很可能造成信号丢失。

2) 程序执行阶段

根据 PLC 梯形图程序的扫描原则，PLC 通常按从左到右、从上到下的步骤顺序执行程序。当指令中涉及输入、输出状态时，PLC 就从输入映像寄存器中"读入"采集到的对应输入端子状态，从输出映像寄存器"读入"对应元件(软继电器)的当前状态。然后进行相应的运算，运算结果再存入输出映像寄存器中。对输出映像寄存器来说，每一个元件(软继电器)的状态会随着程序执行过程而变化，但这个结果在全部指令未被执行完毕之前不会被送到输出端。

3) 输出刷新阶段

在所有指令执行完毕后，输出映像寄存器中所有输出继电器的状态(接通/断开)在输出刷新阶段转存到输出锁存器中，通过一定方式输出，并驱动外部负载。

PLC 重复执行上述 3 个阶段，每重复一次的时间称为一个扫描周期。在一个工作组周期中，PLC 输入采样阶段和输出刷新阶段的时间一般为毫秒级，而程序执行时间因用户程序的长度而有所不同，一般容量为 1 KB 的程序扫描时间为 10 ms 左右。

根据上述 PLC 的工作特点，可以归纳出 PLC 在输入/输出处理方面必须遵守的一般原则：

(1) 输入映像寄存器的数据取决于输入端子板上各输入点在上一刷新期间的接通和断开状态。

(2) 程序执行结果取决于用户所编程序和输入/输出映像寄存器的内容及其它各元件映像寄存器的内容。

(3) 输出映像寄存器的数据取决于输出指令的执行结果。

(4) 输出锁存器中的数据，由上一次输出刷新期间输出映像寄存器中的数据决定。

(5) 输出端子的接通和断开状态，由输出锁存器决定。

4. PLC 的特点

PLC 具有面向工业控制的鲜明特点，具体包括以下 6 个方面。

(1) 编程软件简单易学。PLC 有多种编程语言可供选用，如梯形图、顺序功能图等。梯形图是面向控制过程及操作人员的语言，其最大特点是采用类似继电器控制电路的梯形图作为编程语言。因此，梯形图程序易学、易懂、易修改，深受电气工程人员的欢迎。

(2) 可靠性高，抗干扰能力强。PLC 采用 LS 芯片，组成 LS 芯片的电子组件都由半导体电路组成。以这些电路充当的软继电器等开关是无触点的。为了保证 PLC 能在恶劣的工业环境下可靠地工作，在其设计和制造中采取了一系列硬件和软件方面的抗干扰措施。

在 PLC 硬件方面，如在 PLC 的电路中采用隔离技术，抑制外部干扰源对 PLC 内部电路的影响；CPU 采用性能优良的开关电源；在 PLC 的电路中设置了"看门狗"(Watchdog)电路；在 PLC 的结构中采用耐热、密封、防尘、防潮和抗震的外壳封装，以适应恶劣的工业环境。

在 PLC 软件方面如采取数字滤波、故障检测与诊断程序，能自动扫描 PLC 的状态和用户程序，一旦发现出错，可立即自动作出相应的处理(如报警、保护数据和封锁输出等)。

(3) 硬件配套齐全，用户使用方便，适应性强。目前，PLC 产品已经标准化、系列化和模块化，针对不同的控制要求和控制信号，PLC 都有相应的 I/O 接口模块与工业现场控制器件和设备直接连接，适应性好。用户可以根据需要灵活地进行系统配置。这些产品既可控制一台单机、一条生产线，又可以控制一个复杂的群控系统、多条生产线；既可以现场控制，又可以远程控制，组成不同规模的控制系统。

(4) 功能完善，接口多样。PLC 除基本单元外，还可以配置各种特殊适配器，不仅具有模拟量和数字量的输入/输出、顺序控制、定时计数等功能，还具有模/数转换、数/模转换、算术运算及数据处理、通信联网和生产过程监控等功能。

(5) 体积小，质量轻，功耗低。PLC 采用 LSL 或 VLSI 芯片，其产品结构紧凑，体积小，质量轻，功耗低。如三菱 FXIS-20MT 型 PLC 的外形尺寸仅为 75 mm×90 mm×87 mm，质量只有 400 g，功耗仅为 20 W，这种迷你型的 PLC 很容易嵌入机械设备内部，是实现机电一体化的理想控制设备。

(6) 易于操作，维护方便。PLC 安装方便，具有 DIN 标准导轨安装用卡扣。PLC 具有输入/输出端子排，接线不用焊接，只需用螺钉旋具(俗称螺丝刀)就可以将 PLC 与不同的控制设备相连。PLC 标准化、系列化和模块化设计，使其具有完善的自诊断功能和运行故障指示装置，维护方便。

5. PLC 的分类

PLC 发展至今已经有多种形式，其功能也不尽相同。分类时，一般按以下原则进行考虑。

1) 按 I/O 点数分类

按 PLC 的输入/输出点数可将 PLC 分为以下 3 类。

(1) 小型机。小型 PLC 输入/输出总点数一般在 256 点以下，除开关量控制外，一般都具有模拟量控制功能和高速控制功能。小型 PLC 的特点是体积小、价格低，适合于控制单台设备、开发机电一体化产品。

典型的小型机有 SIEMENS 公司的 S7-200 系列 PLC 产品、三菱公司的 F-40 等整体式 PLC 产品。

(2) 中型机。中型 PLC 的输入/输出总点数一般为 256～2048 点，指令系统更丰富，内存容量更大；具有更强的数字计算能力，其通信功能和模拟量处理能力更强大，适用于复杂的控制场合。

典型的中型机有 SIEMENS 公司的 S7-300 系列 PLC 产品、AB 公司的 SLC500 系列模块式 PLC 产品、OMRON 公司的 C200H 系列产品等。

(3) 大型机。大型 PLC 的输入/输出总点数在 2048 点以上，运算和控制功能强大，具有多种自诊断功能，一般大型机还具有多种网络功能。大型机适用于设备自动化控制、过程自动化控制和过程监控系统等。

典型的大型 PLC 有 SIEMENS 公司的 S7-400 PLC 产品、AB 公司的 SLC5/05 系列 PLC 产品、OMRON 公司的 CVM1 和 CS1 系列 PLC 产品等。

2) 按结构分类

根据结构不同，PLC 主要可分为整体式和模块式两类。

(1) 整体式结构。整体式 PLC 又叫单元式 PLC 或箱体式 PLC，它体积小，价格低，安装方便。特点是将 CPU 模块、I/O 模块和电源等紧凑地安装在一个标准机壳内。基本单元上设有扩展端口，通过扩展电缆与扩展单元相连，以构成 PLC 不同的配置。

(2) 模块式结构。模块式结构的 PLC 由一些模块单元构成，各模块功能独立，外形尺寸统一。构成系统时，可将这些模块插在框架或插槽上，根据要求搭配组合，灵活性强。

6. PLC 的主要技术指标

PLC 的性能指标较多，这里主要介绍与组成 PLC 控制系统有关的几个指标。

1) 用户存储器容量

PLC 中的用户存储器由用户程序存储器和数据存储器组成，该存储器容量大，可以编制出复杂的程序。

2) 输入/输出点数

输入/输出点数是 PLC 可以接受的输入开关信号和输出开关信号的最大数量。值得注意的是，输入点数往往是大于输出点数的，且二者不能相互替代。

3) 扫描速度

扫描速度是指 PLC 扫描 1 K(1 K=1024)字用户程序所需的时间，通常以 ms/K 字为单位。扫描速度越快越好。

4) 模/数和数/模通道数

模/数转换和数/模转换的通道数为输入和输出的模拟量总和。一般小型机无模拟量或有少量模拟量；中型机模拟量为 64～128 路；大型机模拟量为 128～512 路。

5) 指令数量和功能

用户编制的程序所完成的控制任务，取决于 PLC 指令的数量。编程语言的指令条数是衡量 PLC 软件功能强弱的主要指标。指令的功能越多，编程越简单方便，越可以完成复杂的控制任务。

6) 内部寄存器的配置和容量

在编制 PLC 程序时，需要用到大量的寄存器来存放变量、中间结果、数据、模块设置、定时计数等信息。这些寄存器的数量直接关系到程序的编制。

7) 特殊功能模块

除了主控模块外，PLC 可以配接实现各种特殊功能模块，例如 A/D 模块、D/A 模块、闭环控制模块等。

8) 可扩展性

PLC 的可扩展性在现代工业生产中显得尤为重要，主要包括：

(1) 输入/输出点数的扩展。

(2) 存储容量的扩展。

(3) 联网功能的扩展。

(4) 可扩展的模块数。

1.1.2　PLC 的应用领域及发展趋势

1. PLC 的应用领域

PLC 的应用范围很广，目前 PLC 已经广泛应用于数控机床、机械制造、汽车装配、电力石化、冶金钢铁、交通运输、轻工纺织等各行各业。归纳起来，PLC 主要应用在以下 5 个方面。

1) 开关量逻辑控制

开关量逻辑控制是 PLC 最基本的应用，可实现逻辑控制和顺序控制，如机床电气控制、注塑机控制、电动机控制、电梯控制和电镀流水线等。

2) 模拟量过程控制

模拟量过程控制用于模拟量的闭环控制系统，PLC 通过模拟量 I/O 接口，可实现模拟量和数字量的相互转换以及对温度、流量、压力、位移、速度等参数的连续调节与控制。

3) 运动量控制

运动量控制是指 PLC 使用专用的运动控制模块来控制步进电动机或伺服电动机,从而实现对各种机械构件的运动控制(控制构件的速度、加速度、位移、运动方向等),如机器人的运动控制、机械手的位置控制、电梯运动控制等应用。

4) 现场数据采集处理

目前 PLC 都具有数据处理指令、数据传送指令、算术与逻辑运算指令和循环移位与移位指令,可以方便地实现对生产现场数据的采集、分析和加工处理等功能。

5) 通信联网及多级控制

PLC 可以实现 PLC 与 PLC 之间、PLC 与上位计算机之间、PLC 与外设之间、PLC 与其他工业控制设备以及工业网络设备间的通信,进行“集中管理,分散控制”。

2. PLC 的发展趋势

PLC 由诞生最初的 1 位机发展到 8 位机,再到现在的 16 位、32 位高性能微处理器,PLC 技术已比较成熟。

目前,世界上有 200 多个厂家生产 PLC 产品,比较著名的厂家有日本的三菱公司、欧姆龙公司、富士电机、松下电工,德国的西门子公司,法国的 TE 公司、施耐德公司,韩国的三星公司、LG 公司以及美国的 AB、通用(GE)等公司。

PLC 发展迅速,总的趋势是向高集成度、小体积、大容量、高速度、使用方便、高性能和智能化方向发展。

1.1.3　PLC 的编程及仿真软件

1. 应用软件的编程语言

应用程序的编制需使用 PLC 生产厂家提供的编程语言。IEC1131-3 是第一个为工业自动化控制系统的软件设计提供标准化编程语言的国际标准,该标准详细说明了 PLC 通用编程语言的句法、语法和下述 5 种编程语言:

- 顺序功能图(Sequential Function Chart,SFC);
- 梯形图(Ladder Diagram,LD);
- 功能块图(Function Block Diagram,FBD);
- 指令表(Instruction List,IL);
- 结构化文本(Structured Text,ST)。

1) 顺序功能图

顺序功能图是为满足顺序逻辑控制而设计的编程语言。

顺序功能图具有图形表达方式,能较简单和清楚地描述并发系统和复杂系统的所有现象,可在模型的基础上直接编程。步、转换和动作是顺序功能图的 3 个要素。顺序功能图编程法可将一个复杂的控制过程分解为一些小的工作状态,对这些小状态的功能分别处理后,再把这些小状态按控制要求顺序连接组合成整体的控制程序。根据顺序功能图可以很容易地画出梯形图程序。顺序功能图体现了一种编程思想,在程序编制中具有很重要的意义。

2) 梯形图

梯形图是一种以图形符号及其在图中的相互关系表示控制关系的编程语言，是 PLC 编程语言中使用最广泛的一种语言。

梯形图由触点、线圈和方框表示的功能块组成。触点代表逻辑输入条件，如外部的开关、按钮和内部条件等。线圈通常代表逻辑输出结果，用来控制外部的指示灯、交流接触器和内部的输出条件等。功能块用来表示定时器、计数器或者数学运算等附加指令。梯形图和指令表如图 1-4 所示。

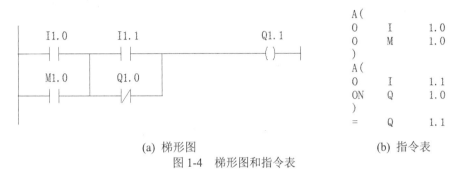

(a) 梯形图　　　　　　　　　　　　　　　　(b) 指令表

图 1-4　梯形图和指令表

梯形图程序设计语言具有以下特点：

(1) 梯形图由触点、线圈和方框表示的功能块组成。

(2) 梯形图中的触点只有常开和常闭，以表示触点或开关量的状态。

(3) 梯形图中的线圈只能并联不能串联，而触点可以任意串、并联。

PLC 按循环扫描事件，沿梯形图先后顺序执行，同一扫描周期得出的结果留在输出状态寄存器中，不能直接控制外部负载，只能作为中间结果使用。所以输出点的值在用户程序中可以当作条件使用。

3) 功能块图

功能块图是一种类似于数字逻辑电路的编程语言。该编程语言用类似与门、或门的方框来表示逻辑运算关系，方框的左侧为逻辑运算的输入变量，右侧为输出变量，输入、输出端的小圆圈表示"非"运算，信号自左向右流动。就像电路一样，它们被"导线"连接在一起，如图 1-5 所示，与图 1-4 中的控制逻辑功能相同。

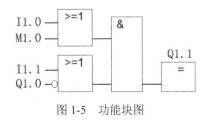

图 1-5　功能块图

4) 指令表

指令表是一种与微机的汇编语言中的指令相似的助记符表达式，由语句指令依一定的顺序排列而成。如图 1-4(b)所示，一条指令一般可分为助记符和操作数两部分。只含有助记符的指令被称为无操作数指令。指令表语言和梯形图有严格的对应关系。若对指令表编程不熟悉，则可先画出梯形图，再转换为指令表。

指令表比较适合熟悉 PLC 和有编制程序基础的工程技术人员，只要理解各个指令的含义，就可以像编写计算机程序一样编写 PLC 的控制程序。

5) 结构化文本

结构化文本语言是用结构化的描述文本来描述程序的一种编程语言，该语言类似于高级语言。在大中型 PLC 系统中，常采用结构化文本来描述控制系统中各个变量的关系，完成所需的功能或操作。与梯形图相比，结构化文本能实现复杂的数学运算，且编写的程序非常简洁和紧凑。结构化文本用来编制逻辑运算程序也很容易。

在 S7-300 的编程软件中，用户可以选用梯形图、功能块图和指令表这 3 种编程语言。大多数情况下，三者之间可以互相转换。

PLC 实际上只可识别助记符语言，梯形图语言需要转换成助记符语言后，才可存入 PLC 的存储器中。

2. STEP 7 编程软件

STEP 7 是一种用于对西门子 PLC 进行组态和编程的专用集成软件包，是西门子工业软件的一部分。STEP 7 编程软件适用于 SIMATIC S7、M7、C7 和基于 PC 的 WinAC，是供其编程、监控和参数设置的标准工具。

STEP 7 标准软件包提供一系列的应用程序。

1) SIMATIC Manager 主窗口

安装完成 STEP 7 软件后，用鼠标双击打开桌面上图标 ，或通过 Windows 的"开始"→"SIMATIC"→"SIMATIC Manager"菜单命令启动 SIMATIC Manager(管理器)。"SIMATIC Manager"运行窗口如图 1-6 所示。

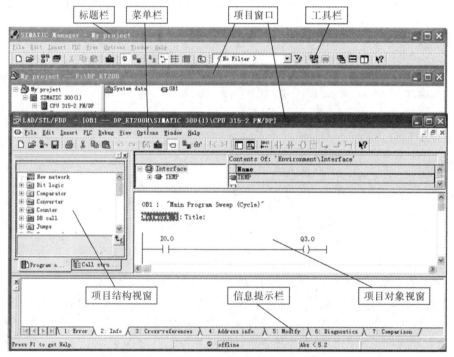

图 1-6　"SIMATIC Manager"运行窗口

项目管理器分为左右两个窗口,左边为项目结构视窗,显示项目的层次结构;右边为项目对象视窗,显示左侧项目结构对应项的内容。在右视图内用鼠标双击对象图标可立即启动与对象相关联的编辑工具或属性窗口。

2) 编程窗口

该工具集成了梯形图 LAD、指令表 STL、功能块图 FBD 等 3 种编程语言的编辑、编译和调试功能,图 1-7 为"LAD"编程窗口。程序编辑器的窗口主要由编程元素列表区、代码编辑区、变量声明区和信息区等构成,3 种编程语言可通过编程软件相互切换。

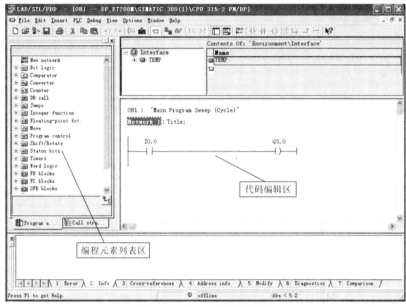

图 1-7　"LAD"编程窗口

3) HW Config 硬件组态窗口

在"HW Config"窗口中可为控制项目硬件进行组态和参数设置。"HW Config"硬件组态窗口如图 1-8 所示。

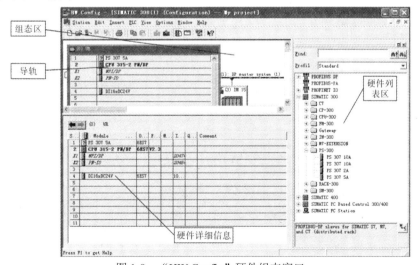

图 1-8　"HW Config"硬件组态窗口

4) 符号编辑器窗口

符号有全局符号和局部符号之分。全局符号是通过符号表来定义的，符号表的创建和修改由符号编辑器实现，定义的全局符号可供其他所有工具使用，因而一个符号的任何改变都能自动被其他工具识别。程序块的变量声明区可定义局部符号的名称。

用鼠标双击"Symbols(符号)"图标，在符号编辑器中打开符号表，符号编辑器窗口如图 1-9 所示。符号表包括全局符号的名称(符号地址)、绝对地址、类型和注释。

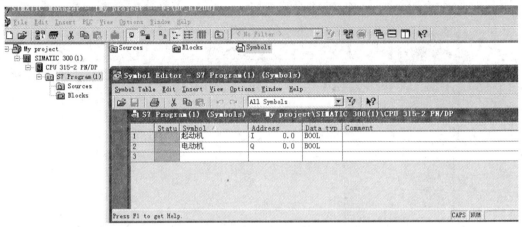

图 1-9　符号编辑器窗口

5) 通信接口设置对话框

PG/PC 接口是 PG/PC 和 PLC 之间进行通信连接的接口。PG/PC 支持多种类型的接口。要实现 PG/PC 和 PLC 之间的通信连接，必须正确地设置 PG/PC 接口相应的参数。

按顺序选择"SIMATIC Manager(SIMATIC 管理器)"→"Options(选项)"→"Set PG/PC Interface（设置 PG/PC 接口)"，或选择 Windows 的"控制面板"→"Set PG/PC Interface(设置 PG/PC 接口)"，打开 PG/PC 接口设置对话框，如图 1-10 所示。

图 1-10　PG/PC 接口设置对话框

将"Access Point of the Application(应用访问节点)"设置为"S7ONLINE(STEP7)"，在"Interface Parameter Assignment(接口参数)"列表中，选择所需要的接口类型，单击"Properties(属性)"按钮，在弹出的对话框中对该接口的参数进行设置。

6) NETPro 网络组态对话框

NETPro 工具用于组态通信网络连接，包括网络连接的参数设置和网络中各个通信设备的参数设置，可用于选择系统集成的通信或功能块，以轻松实现数据的传送。

3. PLCSIM 仿真软件

STEP 7 中 PLCSIM 工具是一个仿真软件，它能够在 PG/PC 上模拟 S7-300、S7-400 系列 CPU 的运行，也可以与 WinCC flexible 一同集成并在 STEP 7 环境下实现上位机监控模拟。如果安装了 PLCSIM，则"SIMATIC Manager(SIMATIC 管理器)"工具栏中的模拟按钮"Simulation(仿真)"处于有效状态，否则处于无效状态。

1) PLCSIM 界面

用鼠标单击"Simulation(仿真)"按钮，启动 PLCSIM 仿真软件，弹出如图 1-11 所示的 PLCSIM 窗口，图中的"CPU"窗口模拟了 CPU 的面板，具有状态指示灯和模式选择开关。

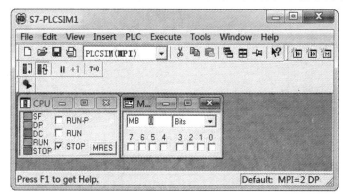

图 1-11　PLCSIM 窗口

点击图 1-11 中的"RUN-P"和"STOP"选项可以切换运行状态。

(1) 显示对象工具栏。通过显示对象工具栏的按钮，可以显示或修改各类变量的值，显示对象工具栏如图 1-12 所示。

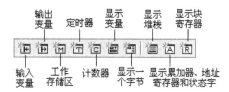

图 1-12　显示对象工具栏

(2) CPU 模式工具栏。在 CPU 模式工具栏中可以选择 CPU 中程序的执行模式，CPU 模式工具栏如图 1-13 所示。

连续循环模式与实际 CPU 正常运行状态相同。单循环模式下，模拟 CPU 只执行一个扫描周期，用户可以单击该按钮进行下一次循环。无论在何种模式下，都可以通过单击按钮暂停程序的执行。

(3) 录制/回放工具栏。录制/回放工具栏上只有一个按钮，按下该按钮会弹出如图 1-14 所示的录制/回放工具栏。可以把 CPU 运行过程全部录制或回放重现。

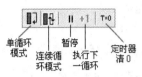

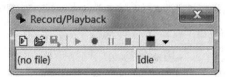

图 1-13　CPU 模式工具栏　　　　　　　　　图 1-14　录制/回放工具栏

2) PLCSIM 快速使用

(1) 调用。可以通过 STEP 7 菜单"Options"下的"Simulate Modules"选项，激活 "S7-PLCSIM 1"。

(2) 设置 PG/PC 接口。打开 STEP 7 菜单"Options"下的"Set PG/PC Interface"窗口， 如图 1-15 所示。

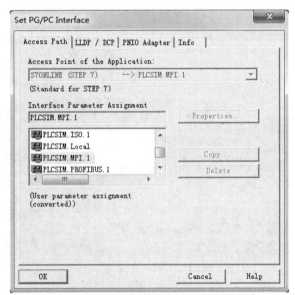

图 1-15　"Set PG/PC Interface"窗口

根据 CPU 的接口，选择合适的"PLCSIM.XXX"下载程序。如果 CPU 有以太网口， 则可选择"PLCSIM.TCPIP"。

(3) 下载程序。点击下载按钮 ▦ (见图 1-6)，将设备组态及程序下载到 PLCSIM。

(4) 运行状态切换。如图 1-16 所示，将 PLCSIM 的 CPU 由"STOP"状态切换为"RUN-P" 状态，模拟 CPU 运行。

图 1-16　PLCSIM 界面

(5) 使程序在线。点击在线按钮 ▦ (见图 1-6)，将离线程序切换为在线状态。

1.2　监控组态软件

1.2.1　组态软件介绍

监控系统作为工业自动化中的重要组成部分得到了普及与发展。为了满足监控系统设计过程对灵活性、通用性和开放性的要求，"面向对象"设计理念的组态软件应运而生。目前，组态软件广泛应用于机械、汽车、石油、化工、造纸、水处理以及其它过程控制等诸多领域。

1. 组态的定义

"组态"的概念源于"Configuration"，意思是使用软件工具对计算机及软件的各种资源进行配置，使计算机或软件按照预先设置，即通过对软件采用非编程的操作方式，进行参数填写、图形链接和文件生成等，使得软件乃至整个系统具有某种特定的功能。

组态软件，英文名为 SCADA(Supervisory Control and Data Acquisition)或 HMI/MMI (Human Machine Interface/Man Machine Interface)软件，即监控和数据采集软件或人机接口软件。主要是指一些用来完成数据采集与过程控制的专用软件，可为用户提供快速组态控制系统过程画面，并提供强大的数据管理和通信功能，使用户可以方便、快速地构建工业自动控制系统监控功能。

在现代工业生产自动化控制系统中，监控层功能主要由组态软件负责，组态软件逐步发展成为工业自动化领域中广泛使用的通用性软件。目前，组态软件已经应用于企业信息管理系统、管理和控制一体化、远程诊断和维护以及互联网数据整合等各个领域。

组态软件的设计思想是面向对象的思想，组态软件中拥有大量的程序模块和对象，方便用户进行二次开发。根据被控对象及控制系统的要求，在组态软件中选择相应的模块或对象，设置正确的参数，生成并运行组态好的用户程序。组态与软件和硬件有关，没有软硬件的配合，组态便毫无意义。

2. 组态软件的作用和结构

1) 组态软件的作用

由组态软件构成的组态监控系统已成为自动化工程人员的首选。监控系统在自动控制系统中承担着以下三大基本职责，即三大作用：

(1) 人机交互。作为操作人员与控制系统交互信息的平台，允许用户根据系统实时信息发出控制指令，以调整控制系统的运行状态。

(2) 数据采集及监控。采集来自自动化现场的各种信息，在组态软件中将这些信息进行存储、运算等各种处理，根据这些数据的处理结果对现场的设备进行合理控制，使系统能够正常地运行。

(3) 通信。组态软件实现与系统间的通信，以便实时掌握现场的各种信息。

2) 组态软件的结构

组态、监控以及通信接口是组态软件的基本功能。系统开发环境、系统运行环境以及它们之间的实时数据库共同实现了这些基本功能，如图 1-17 所示。

图 1-17　组态软件结构示意图

(1) 系统开发环境。系统开发环境(组态环境)是自动化工程设计人员为实施其控制方案，进行应用程序系统生成的工作环境。系统开发环境由若干个组态程序组成，如图形界面组态程序、实时数据库组态程序等。

(2) 实时数据库。实时完成组态结果。

(3) 系统运行环境。系统运行环境(运行环境)可保证目标应用程序被装入计算机内存并投入实时运行。组态软件支持在线组态技术，即在不退出系统运行环境的情况下，可以对组态环境修改并直接生效。

典型的组态软件功能构成如图 1-18 所示。组态软件的开发系统和运行系统既相互独立又相互联系，组态软件为用户提供了多种多样可供选择的功能。用户可通过开发系统选择或组合这些功能，完成监控系统的组态，并在运行系统中实现现场监控。

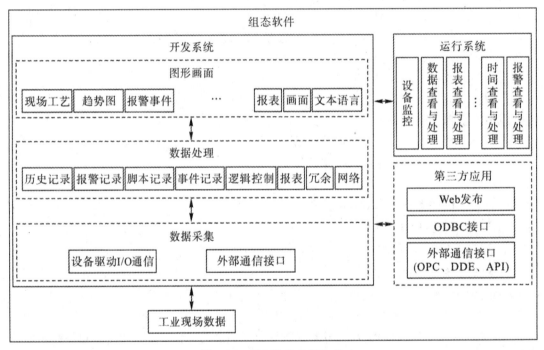

图 1-18　组态软件功能构成

3. 组态软件的功能与特点

1) 组态软件的功能

经过几十年的发展，组态软件实现了工业自动化系统所需的监控、管理和数据采集等功能，并且可以非常方便地完成整个监控系统的组态过程。组态软件基本具备以下功能。

(1) 过程画面的组态。组态软件借助 Windows 操作系统良好的图形性能为工程设计人员提供了简洁美观的过程画面组态功能。大部分的组态软件都内置大量的图形控件和对象(如过程值归档、报警消息、报表等)，方便工程开发人员建立数据采集监控系统。

(2) 对运行状态进行监控。可以读/写不同类型的 PLC、仪表、智能模块和板卡，采集工业现场的各种信号，从而对工业现场进行监视和控制。

(3) 系统数据存档。利用微软数据库实现系统中数据的存储，结合过程值归档、消息报警等功能记录和读取数据，在系统发生事故和故障时，利用记录的运行工况数据和历史数据，可以对系统故障原因等进行分析定位、责任追查等。通过对数据的质量统计分析，还可以提高自动化系统的运行效率，提升产品质量。

(4) 信息汇总。可以对工业现场的数据进行逻辑运算和数字运算等处理，并将结果返回控制系统，协助控制系统完成其不擅长的复杂的运算控制功能。

(5) 通信功能。通过硬件组态及软件组态可实现与各种下层硬件设备的通信，各种 PLC、DCS、仪表、智能模块和板卡等设备都可以与组态软件进行通信，并且组态方式简单，不需要编写复杂的通信协议。

(6) 用户权限管理。周密的系统安全防范可以对工程的运行实现安全级别、用户级别的管理设置。

(7) 灵活的编程方式。提供可编程的命令语言，使用户可根据自己的需要编写程序，并与组态软件集成为一个整体运行，增强系统功能。

2) 组态软件的特点

组态软件还具有以下特点。

(1) 功能强大。组态软件可提供丰富的编辑和作图工具和大量的工业设备图符、仪表图符、趋势图、历史曲线、数据分析图等；提供十分友好的图形化用户界面(Graphics User Interface, GUI)，包括一整套 Windows 风格的窗口、菜单、按钮、信息区、工具栏、滚动条等；画面丰富多彩，为设备的正常运行、操作人员的集中监控提供了极大的方便；具有强大的通信功能和良好的开放性，组态软件向下可以与数据采集硬件通信，向上可与管理网络互联。

(2) 简单易学。使用组态软件不需要掌握太多的编程语言技术，甚至不需要编程技术，根据工程实际情况，利用其提供的底层设备(PLC、智能仪表、智能模块、板卡、变频器等)的 I/O 驱动、开放式的数据库和界面制作工具，就能完成一个具有动画效果、实时数据处理、历史数据和曲线并存以及具有多媒体功能和网络功能的复杂工程。

(3) 扩展性好。当现场条件(包括硬件设备、系统结构等)或用户需求发生改变时，不需要过多修改组态软件开发的应用程序，就可以方便地完成软件的更新和升级。

(4) 实时多任务。组态软件开发项目中，数据采集与输出、数据处理与算法实现、图形显示及人机对话、实时数据的存储、检索管理、实时通信等多个任务可以在同一台计算机上同时运行。

4. 常用的组态软件

工业自动化控制领域常见的组态软件有：InTouch、iFIX、Citech、WinCC、KingView、ForceControl、MCGS 等。

1) 国外组态软件

(1) InTouch。InTouch 是世界上第一款组态软件，也是最早进入我国的组态软件。新的版本采用了 32 位 Windows 平台，并提供 OPC 支持。

(2) iFIX。Intellution 公司以 FIX 组态软件起家，先后被爱默生公司、GE 公司收购。iFIX

的功能强大，使用比较复杂。

(3) Citech。悉雅特集团(Citect)是世界领先的可提供工业自动化系统、设施自动化系统、实时智能信息和新一代 MES 的独立供应商。Citech 也是较早进入中国市场的产品。Citech 的操作方式简洁，但脚本语言比较复杂，不易掌握。

(4) WinCC。西门子自动化与驱动集团(A&D)是西门子股份公司中最大的集团之一，是西门子工业领域的重要组成部分。西门子的 WinCC 也是一套完备的组态开发环境，提供类 C 语言的脚本，包括一个调试环境。WinCC 内嵌 OPC 支持，并可对分布式系统进行组态。

2) 国内组态软件

(1) ForceControl(力控)。由北京三维力控科技有限公司开发，核心软件产品初创于 1992 年，是国内较早出现的组态软件之一，其内置独立的实时历史数据库支持 Windows/UNIX/Linux 操作系统。三维力控组态软件也提供了丰富的国内外硬件设备驱动程序。

(2) KingView(组态王)。由北京亚控科技发展有限公司开发，组态王提供了资源管理器式的操作界面，并且提供以汉字为关键字的脚本语言支持，在市场上广泛推广 KingView6.53、KingView6.55 版本。

(3) MCGS。由北京昆仑通态自动化软件科技有限公司开发，在市场上主要是搭配硬件销售。

1.2.2　WinCC 系统概述

1. WinCC 简介

西门子公司于 1996 年推出了一款 HMI/SCADA 软件 SIMATIC WinCC。WinCC 即 Windows Control Center(视窗控制中心)，是第一个完全基于 32 位内核的过程监控系统。WinCC 属于完善的 HMI/SCADA 软件系统，是高性能的实时信息监控软件平台及企业级的管理信息系统平台，提供了适用于工业的图形显示、消息、归档以及报表的功能模板；WinCC 还为用户解决方案提供了开放的界面，使得 WinCC 参与复杂、广泛的自动控制解决方案成为可能。

WinCC 性能全面、系统开放，集成了 SCADA、组态、脚本语言、MS 数据库和 OPC 等先进技术，确保了与西门子的自动化系统(例如 SIMATIC S5、S7 和 505 等系列 PLC)间通信的简便性，高效性，而且还可以与 AB、GE、Modicon 等公司的系统连接。通过 OPC 方式，还可以与第三方控制器进行通信，使得 WinCC 拥有相当好的扩展性和灵活性。

WinCC 为用户提供了以下 3 种监控系统的解决方案。

(1) 使用标准的 WinCC 资源组态。

(2) 利用 WinCC，通过 DDE、OLE、ODBE 和 ActiveX 使用现有的 Windows 应用程序。

(3) 开发嵌入 WinCC 中的用户自己的应用程序(使用 Visual C++或 Visual Basic 语言)。

2. WinCC 的体系结构

WinCC Explorer 类似于 Windows 中的资源管理器，它组合了控制系统所有必要的数据，以树形目录的形式分层排列存储。WinCC 浏览器的体系结构如图 1-19 所示。

WinCC 采用模块化的设计结构。这些功能模块分为基本功能与扩展功能，其中扩展功能又分为 WinCC 选件与 WinCC 附件。

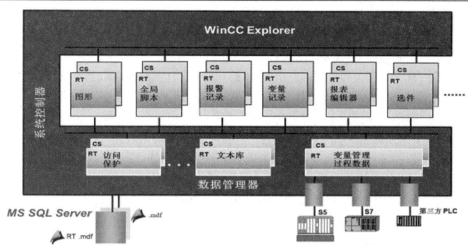

图 1-19　WinCC 浏览器的体系结构

1) WinCC 基本功能

(1) 变量管理器(Tag Management)。变量管理器用于管理 WinCC 项目中所有的变量和通信驱动程序。WinCC 中与外部控制器没有过程连接的变量叫做内部变量，内部变量可以无限制使用。与外部控制器有过程连接的变量叫做过程变量，也称为外部变量。

(2) 变量记录(Tag Logging)。变量记录用于组态和管理过程值归档。

(3) 图形编辑器(Graphic Designer)。图形编辑器用于创建过程画面，是 HMI 系统的重要部分。

(4) 报警记录(Alarm Logging)。报警记录负责采集和归档报警消息。

(5) 报表编辑器(Report Designer)。报表编辑器提供许多标准的报表，也可自行设计各种格式的报表，并按照设定的时间进行打印工作。

(6) 文本库(Text Library)。文本库用于编辑不同语言版本下的文本消息。

(7) 全局脚本(Global Script)。全局脚本允许工程设计人员根据项目要求编写 ANSI-C 或 VBS 全局脚本。

(8) 用户管理器(User Administrator)。用户管理器用来分配、管理和监控用户对 WinCC 组态系统和运行系统的访问权限。

(9) 交互引用(Cross-Reference)。交互引用负责检索在画面、函数、归档和消息中所使用的变量、函数、OLE 对象和 ActiveX 控件等。

2) WinCC 扩展功能

WinCC 以开放式的组态接口为基础,开发了大量的 WinCC 选件(Options,也称选项,来自西门子自动化与驱动集团)和 WinCC 附件(Add-ons,来自西门子内部和外部合作伙伴)以满足用户的特殊需要，如服务器系统、冗余系统、Web 浏览器、WinCC/Industrial DataBridge 等。

1.2.3　WinCC 的性能特点

WinCC 系统具有以下性能特点。

(1) 创新软件技术的使用。WinCC 基于最新反战的软件技术，并与 Microsoft 密切合作，以保证用户获得不断创新的技术。

(2) 涵盖所有 SCADA 功能在内的客户机/服务器系统。WinCC 能够提供生成可视化任务的组件和函数，生成画面、脚本、报警、趋势和报表的编辑器由最基本的 WinCC 系统组件建立，而且基本系统中的历史数据归档可以较高的压缩比长期进行数据归档，并具备数据导出和备份功能。

(3) 便捷高效的组态系统。WinCC 是一个模块化的自动化组件，不仅支持简单的工程，而且还提供复杂的多用户以及多服务器分布式系统组态功能。

(4) 众多的选件和附件扩展了基本功能。已开发的应用范围广泛的不同 WinCC 选件和附件，均基于开放式编程接口，覆盖了不同工业分支的需求。

(5) 强大的标准接口。WinCC 提供了 DDE、ActiveX、OLE、OPC 服务器和客户机等接口或控件，可以很方便地与其他应用程序交换数据。

(6) 实时数据库的使用。WinCC 使用 Microsoft SQL Server 2005 作为历史数据归档，并可以使用 ODBC、DAO、OLE DB 和 ADO 方便地访问归档数据。

(7) 使用方便的脚本语言。WinCC 支持 ANSI-C 和 Visual Basic 两种脚本语言。

(8) 开放的 API 编程接口。开放的 API 编程接口可以访问 WinCC 的模块，所有的 WinCC 模块都有一个开放的 C 编程接口，可以在用户程序中集成 WinCC 的部分功能。

(9) 可选择语言的组态软件和在线语言切换。WinCC 软件是基于多语言设计的，可以在英语、德语、法语以及其他众多的亚洲语言之间进行切换，也可以实时选择所需要的语言。

(10) 具有在线向导组态功能。WinCC 提供了大量的向导来简化组态工作。在调试阶段还可以进行在线修改。

(11) 提供所有主要 PLC 系统、TDC 系统的通信通道。作为标准，WinCC 支持所有连接 SIMATIC S5/S7/505/FM458/TDC 控制器的通信通道，还包括 PROFIBUS DP、OPC 和 DDE 等非特定控制的通信通道。当然更广泛的通信通道可以由选件和附件提供。

(12) 全集成自动化的部件。全集成自动化(Totally Integrated Automation，TIA)集成了西门子公司的自动化系统软硬件产品，统一归属于 SIMATIC，包括 SIMATIC Manager、SIMATIC PLC、SIMATIC HMI、SIMATIC NET、SIMATIC I/O。WinCC 是工程控制的窗口，也是 TIA 的核心部件。TIA 确保了组态、编程、数据存储和通信方面的一致性。

(13) 具有 SIMATIC PCS7 过程控制系统中的 SCADA 部件。SIMATIC PCS7 是 TIA 中的过程控制系统，PCS7 则是结合了基于控制器的制造业自动化优点和基于 PC 的过程工业自动化优点的过程处理系统。

(14) 与基于 PC 的控制器 SIMATIC WinAC 有紧密的接口。软/插槽 PLC 与操作以及监控系统在一台 PC 上相结合无疑是一个面向未来的概念，毫无疑问，WinCC 和 WinCCAC 实现了西门子公司基于 PC 的强大的自动化解决方案。

(15) 集成到 MES 和 ERP。通过标准化接口，SIMATIC WinCC 可与其他自动化控制解决方案交换数据。将自动控制过程范围扩展到工厂监控级，为公司管理 ERP(企业资源计划)和 MES(制造执行系统)提供管理数据。

1.2.4　WinCC V7.0

SIMATIC WinCC V7.0 增强了基本系统及其选件的功能，支持 Windows 防火墙和病毒扫描，具有较强的安全性。下面以 SIMATIC WinCC V7.0 进行介绍。

1. WinCCExplorer 项目

1) 建立或打开项目

WinCCExplorer 以项目的形式管理控制系统所有必要的数据。单击"开始"→"所有程序"→"SIMATIC"→"WinCC"→"WinCCExplorer"，启动"WinCCExplorer"浏览器(或称 WinCC 项目管理器)，如图 1-20 所示，即可以开始一个 WinCC 项目的组态操作。

首次启动 WinCC，将打开全新的 WinCC 项目管理器；再次启动 WinCC 时，将打开最后保存的项目。如果在启动 WinCC 的同时按下"Shift"和"Alt"键并保持，直到出现 WinCC 项目管理器窗口，则系统将只打开 WinCC 项目管理器，不打开以前的项目。

如果退出 WinCC 项目管理器前打开的项目处于激活状态(运行)，则重新启动 WinCC 时，将自动激活该项目。如果在启动 WinCC 的同时按下"Shift"和"Ctrl"键并保持，则可取消项目自动激活状态。

单击图 1-20 中"文件"菜单下的"新建"命令或工具栏中的 🗋 图标，会出现如图 1-21 所示的对话框，选择创建"单用户项目"。

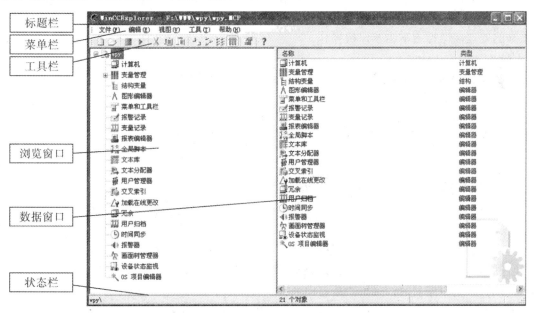

图 1-20　启动"WinCCExplorer"浏览器

如果要编辑或修改已存在的项目，则可通过"文件"菜单中"打开"命令或单击工具栏 🗁 图标，或者选择如图 1-21 所示的"打开已存在的项目"选项，打开项目。

如图 1-22 所示，在"项目名称"栏填写项目名称和项目保存路径。新项目名称为"wpy"，如图 1-20 所示。项目结构以及需要的编辑器和目录显示在"WinCCExplorer"的左侧窗格中；右侧窗格显示属于某个编辑器或目录的元素。

图 1-21　新建项目对话框　　　　　　　　图 1-22　输入项目信息

2) WinCC 项目类型

WinCC 项目分为单用户项目、多用户项目和客户机项目 3 种类型。

(1) 单用户项目：是单个操作员终端，既是客户机又是服务器。在此计算机上可以完成组态、操作、与过程总线的连接及项目数据的存储等。"单用户项目"示意图如图 1-23 所示。此时项目计算机既为进行数据处理的服务器，又为操作员输入站，其他计算机可以通过 OPC 访问该计算机上的项目。

(2) 多用户项目：由多台服务器和多个客户机(用户)组成。"多用户项目"示意图如图 1-24 所示。任意一台客户机可以访问多台服务器上的数据。项目数据(如画面、变量和归档等)更适合存储在服务器中，并可用于全部的客户机。服务器执行与过程总线的连接和过程数据的处理，运行通常由客户机操作。

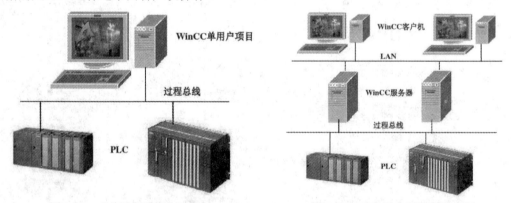

图 1-23　"单用户项目"示意图　　　　　　图 1-24　"多用户项目"示意图

在服务器上创建多用户项目，与 PLC 建立连接的过程通信只在服务器上进行。在服务器上创建多用户项目时，多用户项目中的客户机不与 PLC 连接。在多用户项目中，可对服务器进行访问的客户机进行组态操作。在客户机上创建的项目类型为客户机项目。在运行时多客户机(最多 32 个)能访问最多 12 个服务器。

(3) 客户机项目：基于服务器/客户机原理，其示意图如图 1-25 所示。服务器或客户机上可完成服务器项目的组态，客户机上可完成客户机项目的组态。如果创建了多用户项目，则必须创建对服务器进行访问的客户机。对于客户机，存在下面两种情况：

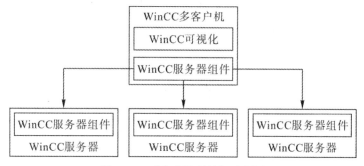

图 1-25　"客户机项目"示意图

①　具有一台或多台服务器的多用户系统。客户机访问多台服务器。运行系统数据存储在不同的服务器上。多用户项目中的组态数据位于相关服务器上，客户机上的客户机项目可以存储本机的组态数据(如画面、脚本和变量等)。在这样的多用户系统中，必须在每个客户机上创建单独的客户机项目。

②　只有一台服务器的多用户系统。客户机访问一台服务器。所有数据均位于服务器上，在这样的多用户系统中，不必在 WinCC 客户机上创建单独的客户机项目。

3)　项目属性

右键单击图 1-20 浏览条中的项目名称(此处为"wpy")选择"属性"命令，打开如图 1-26所示的"项目属性"对话框，可以看到该项目包含 6 个选项卡。

图 1-26　"项目属性"对话框

"常规"选项卡可以显示和修改当前项目的一些常规数据，如"类型""创建者""创建日期""修改者""修改日期""版本""指南"和"注释"等。

"更新周期"选项卡用来选择更新周期，系统提供了 5 个用户周期，可自行定义。

"执键"选项卡可为 WinCC 用户登录、退出以及硬拷贝等操作定义热键(快捷键)。

4) 复制项目

复制项目是指将项目与所有重要的组态数据复制到同一台计算机的另一个文件夹或网络中的另一台计算机上，可通过项目复制器完成。使用项目复制器，只能复制项目和所有组态数据，不能复制运行系统数据。

通过选择"开始"→"所有程序"→"SIMATIC"→"WinCC"→"Tools"→"Project Duplicator"，打开"WinCC 项目复制器"，如图 1-27 所示，单击选项卡中的 ▁ 按钮选择复制的项目，单击"另存为"按钮，可以打开"另存为 WinCC 项目"对话框，如图 1-28 所示。按照提示操作完成复制，此复制项目名称可与原项目名称不同。

冗余系统上的 WinCC 项目必须完全相同。如果创建了一套冗余系统，则每当主服务器项目进行修改，必须对备份服务器上的项目进行同步更新。复制冗余服务器项目，不能使用 Windows 的复制/粘贴功能，只能通过 WinCC 项目复制器完成操作。在图 1-27 中，分别选择源项目和目的项目存储位置，单击"复制"按钮，即可完成复制冗余系统中的冗余服务器的项目。

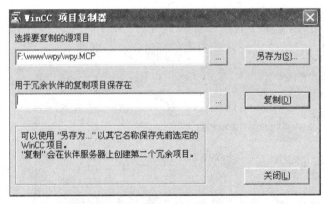

图 1-27   "WinCC 项目复制器"窗口

图 1-28   "保存一个 WinCC 项目"窗口

5) 移植项目

WinCC V7.0 与其以前的版本相比,在数据组织方面有着显著的不同。为了使在 WinCC V5.0 SP2 或 WinCC V5.1 中创建的项目在 WinCC V7.0 中也能工作,首先必须将项目数据通过移植作相应的调整。WinCC V7.0 提供了一个项目移植器,用于自动移植项目的组态数据、运行系统数据和归档数据。

在进行项目移植之前,建议先将项目进行复制保存,移植项目到 WinCC V7.0 的流程图如图 1-29 所示。通过选择"开始"→"所有程序"→"SIMATIC"→"WinCC"→"Tools"→"Project Migrator",打开"WinCC 项目移植器"对话框,项目移植器打开时会弹出"CCMigrator—第 1 步(共 3 步)"(CCMigrator—Step 1 of 3)窗口。

通过单击"..."按钮,选择 WinCC 项目所在的项目目录。

单击"移植"(Migrate)→"CCMigrator—第 2 步(总共 3 步)"(CCMigrator—Step 2 of 3),窗口随即打开;项目移植器将显示移植步骤,如图 1-30 所示。

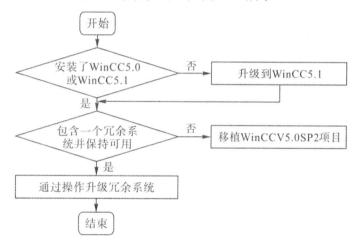

图 1-29 移植项目到 WinCC V7.0 的流程图

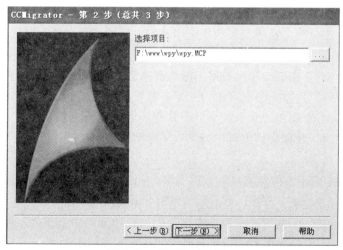

图 1-30 项目移植器窗口

项目移植可能需要数小时。如果移植成功完成,项目移植器将发送以下消息:"WinCC 项目成功移植"(WinCC project migrated successfully)。单击"完成"(Finish),即可完成项目的移植。

如果必须访问先前版本的归档数据，则必须将归档移植到 WinCC V7.0，可使用项目移植器移植归档数据和 dBASE Ⅲ归档。

如果要使 WinCC V5.0 SP2 或 V5.1 所创建的多用户项目在 WinCC V7.0 中能够正常工作，则应移植系统中所有服务器上的单个多用户项目。如果原来的项目使用了多客户机，则分别单独移植多客户机的项目数据。

对于正常操作中的冗余系统，不用取消激活操作就可在冗余系统中对项目进行升级。此时，将按规定的次序升级服务器、客户机和多客户机。

2. 变量管理

变量系统是状态软件非常重要的组成部分，在 WinCC 中，可利用变量管理器来组态和管理项目所需要的变量和通信驱动程序。

1) 变量数据类型

WinCC 中变量的数据类型包括以下类型。

(1) 数值型变量。

① "二进制变量"数据类型对应于位，可取数值 0 或 1。

② "有符号 8 位数"数据类型具有 1 个字节长，且有符号(正号或负号)。"有符号 8 位数"数据类型也可作为"字符型"或"有符号字节"来引用。

③ "无符号 8 位数"数据类型为 1 个字节长，且无符号。"无符号 8 位数"数据类型也可作为"字节"或"无符号字节"来引用。

④ "有符号 16 位数"数据类型具有 2 个字节长，且有符号(正号或负号)。"有符号 16 位数"数据类型也可作为"短整型"或"有符号字节"来引用。

⑤ "无符号 16 位数"数据类型为 2 个字节长，且无符号。"无符号 16 位数"数据类型也可作为"字节"或"无符号字节"来引用。

⑥ "有符号 32 位数"数据类型具有 4 个字节长，且有符号(正号或负号)。"有符号 32 位数"数据类型也可作为"长整型"或"有符号双字节"来引用。

⑦ "无符号 32 位数"数据类型为 4 个字节长，且无符号。"无符号 32 位数"数据类型也可作为"双字节"或"无符号双字节"来引用。

⑧ "浮点数 32 位 IEEE 754"数据类型具有 4 个字节长，且有符号(正号或负号)。"浮点数 32 位 IEEE 754"数据类型也可作为"浮点数"来引用。

⑨ "浮点数 64 位 IEEE 754"数据类型具有 8 个字节长，且有符号(正号或负号)。"浮点数 64 位 IEEE 754"数据类型也可作为"双精度型"来引用。

(2) 字符串型变量。

① 使用"文本变量 8 位字符集"数据类型，在该变量中必须显示的每个字符将为一个字节长。例如，使用 8 位字符集，可显示 ASCII 字符集。

② 使用"文本变量 16 位字符集"数据类型，在该变量中必须显示的每个字符将为两个字节长。例如，需要用该类型的变量来显示 Unicode 字符集。

(3) 原始数据类型变量。原始数据类型变量是 WinCC 的一种允许用户自定义的数据类型变量，多用于数据报文或从自动化系统传送数据块及将用户数据块传送到自动化系统。

外部和内部"原始数据类型"变量均可在 WinCC 变量管理器中创建。原始数据变量的格式和长度均不是固定的，其长度范围为 1～65 535 个字节。它既可以由用户来定义，也可以是特定应用程序的结果。原始数据变量的内容是不固定的。只有发送者和接收者能解释原始数据变量的内容，WinCC 不能对其进行解释。

(4) 文本参考型变量。文本参考型变量指 WinCC 文本库中的条目，只可将文本参考组态为内部变量。例如，当希望交替显示不同文本块时，可使用文本参考类型的变量，并将文本库中条目的相应文本 ID 分配给该变量。

3. 变量的功能类型

(1) 外部变量。外部变量就是过程变量，它有一个在 WinCC 项目中使用的变量名以及一个与外部自动化系统(如 PLC)连接的数据地址。外部变量正是通过其数据地址与自动化系统进行数据通信的。WinCC 通过外部变量可实现对外部自动化系统的检测与控制。

通信驱动程序是用于自动化系统与 WinCC 变量管理器建立连接的软件组件。WinCC 可提供西门子自动化系统 SIMATIC S5/S7/505 的专用通信驱动程序以及与制造商无关的通信驱动程序，如 PROFIBUS-DP 和 OPC 等。

以 WinCC 与 SIMATIC S7 PLC 建立通信为例。对于 WinCC 与 SIMATIC S7 PLC 的通信，要从硬件连接和软件状态两个方面考虑。

软件状态可通过变量管理编辑器实现。

右键单击图 1-20 浏览窗口中的"变量管理"项，进入变量管理编辑器，出现如图 1-31 所示的变量管理界面，变量的管理将在变量管理编辑器中实现。

图 1-31　"添加新的驱动程序"对话框

现在以连接"NewConnection_1"为例介绍建立连接的相关步骤。右键单击图 1-20 的浏览窗口中"变量管理"项，选择添加新的驱动程序，选择"SIMATIC S7 PROTOCOL SUITE.chn"，添加后的变量管理目录如图 1-32 所示，并给出了当前驱动程序所有可用的通道单元。通道单元的含义如表 1-1 所示。

图 1-32　变量管理目录

通道单元可用于建立与多个自动化系统的逻辑连接。逻辑连接表示与单个的已定义的自动化系统的接口。

表 1-1　　SIMATIC S7 PROTOCOL SUITE 通道单元含义

通道单元的类型	含　义
Industrial Ethernet Industrial Ethernet（Ⅱ）	皆为工业以太网通道单元，使用 SIMATIC NET 工业以太网。通过安装在计算机的通信卡与 S7 PLC 通信，使用 ISO 传输层协议
MPI	通过编程设备上的外部 MPI 端口或计算机上通信处理器在 MPI 网络与 PLC 进行通信
Named Connections	通过符号连接与 STEP 7 进行通信。这些符号连接是使用 STEP 7 组态的，且当与 S7–400 的 H/F 冗余系统进行高可高性通信时，必须使用此命名连接
PROFIBUS PROFIBUS（Ⅱ）	实现与现场总线 PROFIBUS 上的 S7 PLC 的通信
Slot PLC	实现 SIMATIC 基于 PC 的控制器 WinAC Slot 412/416 的通信
Soft PLC	实现 SIMATIC 基于 PC 的控制器 WinAC BASIS/RTX 的通信
TCP/IP	通过工业以太网进行通信，使用的通信协议为 TCP/IP

对于 WinCC 与 SIMATIC S7 PLC 的通信，在硬件连接方面，首先要确定 PLC 上通信口的类型，其次，要确定 WinCC 所在计算机与自动化系统连接的网络类型。S7–300/400 CPU至少集成了 MPI 接口，还有的集成了 DP 口或工业以太网接口。此外，PLC 上还可以配置PROFIBUS 或工业以太网的通信处理器。WinCC 所在计算机既可与现场控制设备在同一网络上，也可位于单独的控制网络。连接的网络类型决定了 WinCC 项目中的通道单元类型。

计算机上的通信卡有工业以太网卡和 PROFIBUS 网卡，插槽有 ISA 插槽，PCI 插槽有PCMCIA 槽，通信卡有 Hardnet 和 Softnet 两种类型。Hardnet 卡有自己的微处理器，可减轻 CPU 的负荷，可同时使用两种以上的通信协议；Softnet 卡没有自己的微处理器，同一时间只能使用一种通信协议。表 1-2 列出了通信卡的类型。

表 1-2 计算机的通信卡类型

通信卡型号	插槽类型	类 型	通信网络
CP5412	ISA	Hardnet	PROFIBUS/MPI
CP5611	PCI	Softnet	PROFIBUS/MPI
CP5613	PCI	Hardnet	PROFIBUS/MPI
CP5611	PCMCIA	Softnet	PROFIBUS/MPI
CP1413	ISA	Hardnet	工业以太网
CP1412	ISA	Softnet	工业以太网
CP1613	PCI	Hardnet	工业以太网
CP1612	PCI	Softnet	工业以太网
CP1512	PCMCIA	Softnet	工业以太网

此处以 MPI 通信方式为例介绍外部变量的建立。

选中如图 1-32 所示的"MPI"项，右键单击选择"新建连接"，输入新变量的名称"NewConnectiong_1"，右键点击变量名，单击"连接参数"按钮，打开如图 1-33 所示的"连接参数—MPI"对话框，输入控制器的站地址、机架号、插槽号(S7-300 CPU 的插槽号为 2)等，其他选项根据相应的配置输入正确的参数。

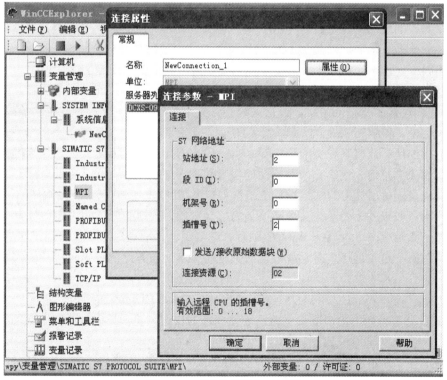

图 1-33 "连接属性"对话框

在建立的连接(此处为"NewConnectiong_1")中可以添加外部变量或变量组。变量组类似于一个文件夹，可直接在连接下的通信驱动程序目录中创建过程变量的变量组。变量组中只能创建变量。一个变量组不能包含另一个变量组，即不能嵌套。

右键点击变量名，单击"变量属性"按钮，可以对变量属性、地址属性进行设置。打开如图 1-34 所示的"地址属性"对话框，在此设置 S7 PLC 中变量对应的地址，此处该变量对应于 S7 PLC 中数据块 DB1 的 DBWO。

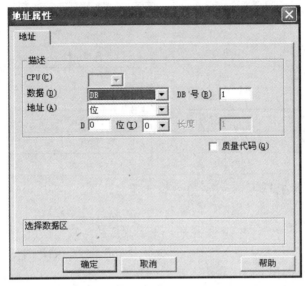

图 1-34　"地址属性"对话框

变量对应的地址可以是位内存(M)、输入(I)、输出(O)和数据块(DB)等。若选择变量类型为"原始数据变量"，则在图 1-34 对话框下部将出现附加的选项。

单击"确定"按钮，一个外部变量就新建完成，并保存在相应的文件夹中。

利用 WinCC 通信诊断可以查明并清除 WinCC 和自动化系统间的通信故障。

① 通信连接的状态。通常，运行系统会首先识别出在建立连接时发生的故障或错误。在一个项目中，WinCC 站上的通道单元可能对应多个连接，一个连接下有多个变量。如果通道单元下的所有连接都发生故障，那么首先应检查此通道单元对应的通信卡的设置和物理连接。如果只是部分连接有问题，而通信卡和物理连接完好，那么应检查所建立连接的设置，即检查连接属性中的站地址、网络段号以及 PLC 的 CPU 模块所在的机架号和槽号等是否正确。如果故障表现在某个连接下的部分变量，则这些变量的设定地址有误。

在项目激活状态下，单击 WinCC 项目管理器菜单"工具"→"驱动程序连接状态"，会打开"状态—逻辑连接"对话框，此对话框将显示所有建立的逻辑连接的连接状态是否正确。

② 通道诊断。WinCC 可提供一个工具软件 Channel Diagnosis(通道诊断)，在运行系统中，WinCC 通道诊断为用户既提供激活连接状态的快速浏览，又提供通道单元的状态和诊断信息。

通道选择"开始"→"SIMATIC"→"WinCC"→"Tools"→"Channel Diagnosis"，可以打开通道诊断应用程序，也可以将通道诊断作为 ActiveX 控制插入到 WinCC 画面或其他应用程序中。

默认情况下，WinCC 图形编辑器的"对象选项板"中未包含此控件。在图形编辑器中选择"对象选项板"的"控件"选项卡，右键单击"对象选项板"的空白区域，从快捷菜单中选择"WinCC Channel Diagnosis Control"项，并激活复选框。单击"确定"按钮，则 WinCC Channel Diagnosis Control 控件将会出现在"控件"选项卡上。

③ 变量的诊断。在运行系统的变量管理器中，可用查询当前变量的质量代码和变量改变的最后时刻来进行变量的诊断。

在 WinCC 项目激活状态下，将鼠标指针指向要诊断的变量，出现的工具提示显示该变量的当前值、质量代码以及变量最后一次改变的时间。通过质量代码可查出变量的状态信息。如果质量代码为 80，则表示变量连接正常；如果质量代码不为 80，则可通过质量代码表来查找原因。

(2) 内部变量。右键单击图 1-32 中"内部变量"，选择"新建变量"，可以在"内部变量"目录中建立内部变量，也可以选择"新建组"来建立一个组，便于变量的管理。

打开"变量属性"对话框，如图 1-35 所示，在此可以更改变量名称和变量数据类型，单击"确定"后生成内部变量。

内部变量更新的范围，例如整个项目或本地计算机，可通过设置进行确定。如果设置了"计算机本地更新"，则在多用户系统中的变量改变仅对本地计算机生效。如果在 WinCC 客户机中未创建客户机项目，则更新的设置类型仅与多用户系统相关。在服务器上创建的内部变量始终对整个项目更新。在 WinCC 客户机上创建的内部变量则始终对本地计算机更新。

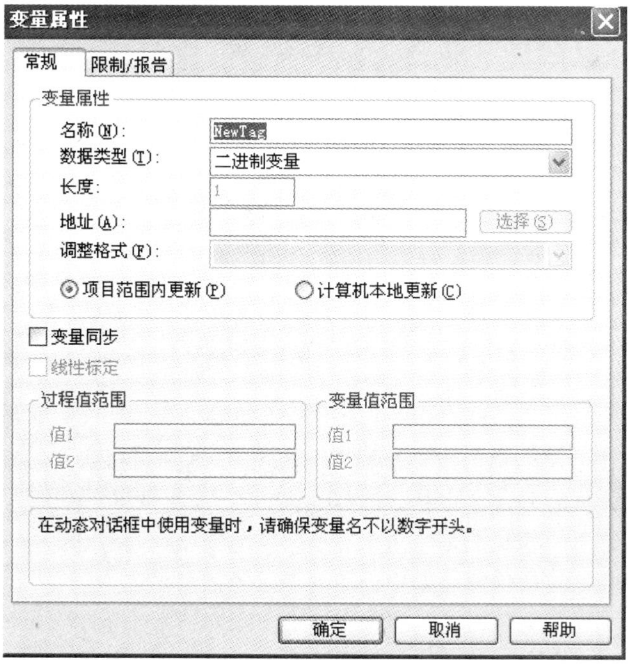

图 1-35　"变量属性"对话框

(3) 系统变量。WinCC 系统预先定义好的以"@"字符开头的变量，称为系统变量。它们由系统自动创建，不能删除或重新命名。但是可以读取它们的值，具有明确的定义，一般用来表示 WinCC 运行的状态。在"内部变量"目录中还存在一些系统变量，其含义见

表 1-3。另外，还包括 TagLogging Rt 和 Script 两个变量组，其变量含义见表 1-4 和表 1-5。

表 1-3　系统变量含义

变量名称	类　型	含　义
@CurrentUser	文本变量 8 位字符集	用户 ID
@DeItaLoaded	无符号 32 位	指示下载状态
@LocnIMachineName	文本变量 8 位字符集	本地计算机名称
@ConnectedRTClinets	无符号 16 位	连接的运行客户机
@RedundantServerState	无符号 17 位	显示该服务器的冗余状态
@DatasourceNameRT	文本变量 16 位字符集	
@ServerName	文本变量 17 位字符集	服务器名称
@CurrentUserName	文本变量 18 位字符集	完整的用户名称

表 1-4　TagLoggingRt 变量组相关变量含义

变量名称	类　型	含　义
@TLGRT_SIZEOF_N0TTFY_QUEUE	64 位浮点数	此变量包含 ClientNotify 队列中条目的当前数量，所有的本地趋势和表格窗口通过此队列接收当前数据
@TLGRT_SlZEOF_NLL_INPUT_QUEUE	64 位浮点数	此变量包含了标准 DLL 队列中条目的当前数量，此队列用于存储通过原始数据变量建立的值
@TLGRT_TAGS_PER_SECOND	64 位浮点数	此变量每秒周期性地将变量记录的平均归档率指定为一个归档变量
@TLGRT_AVERAGE_TAGS_PER_SECOND	64 位浮点数	此变量在启动运行系统后，每秒周期性地将变量记录的平均归档率的算术平均值指定为一个归档变量

表 1-5　Script 变量组相关变量含义

变量名称	类　型	含　义
@SCRIPT_COUNT_TAGS	无符号 32 位数	通过脚本请求的变量的当前数量
@SCR1PT C0UNT REQUESTS IN QUEUES	无符号 32 位数	请求的当前数量
@SCRIFT COUNT ACTIONS_IN QUEUES	无符号 33 位数	正等待处理的动作的当前数量

(4) 系统信息。WinCC 的 System Info 通道通信程序下的 WinCC 变量专门用于记录系统信息，如图 1-32 所示。系统信息中的通道功能包括：在过程画面中显示时间；通过脚本判断系统信息来触发事件；在趋势图中显示 CPU 负载；显示和监控多用户系统中不同服务器上可用的驱动器的空间；触发消息。

系统信息通道可用的系统信息如下：

① 日期、时间。

② 年、月、日、星期、时、分、秒、毫秒。

③ 计数器。

④ 定时器。

⑤ CPU 负载。

⑥ 空闲驱动器空间。

⑦ 可用的内存。

⑧ 打印机监控。

组态系统信息无须另外的硬件或授权。在图 1-32 中右键单击"变量管理",选择"添加新的驱动程序",在"添加新的驱动程序"对话框中选择"System Info.chn",则变量管理中增加了"系统信息"项。右键单击"系统信息"通道单元,选择"新驱动程序的连接",打开"连接属性"对话框,输入连接名称,单击"确定"按钮创建一个连接,在这个连接下就可以创建需要的变量了。在"变量属性"对话框中,单击"选择"按钮,打开"系统信息"对话框,如图 1-36 所示,在"函数"栏选择变量的信息类型,在"格式化"栏选择信息的显示方式。

系统信息变量不算作外部变量。

图 1-36　"系统信息"对话框

(5) 结构变量。结构类型变量为一个复合型变量,包括多个结构元素。要创建结构类型变量首先应创建相应的结构类型。

右键单击图 1-20 中的 WinCC 项目管理器的"结构变量",选择"新建结构类型",打开"结构属性"对话框,如图 1-37 所示,可以修改结构的名称,例如"NewStructure"。单击"新建元素"按钮,可以插入结构类型中的元素,可以选择元素为"外部变量"或"内部变量",还可以更改名称或数据类型等。结构类型中的元素也可以进行线性标定。

创建结构类型后,即可创建相应的结构类型变量。其方法与前面类似,只是选择变量类型时,并非选择简单的数据类型,而应选择相应的结构类型。创建结构类型变量后,每个结构类型变量将包含多个简单变量。结构类型变量的使用与普通变量一样。

图 1-37　创建结构类型

4. 建立画面

下面插入一个画面，在画面上显示内部变量 NewTag 的值。

右键单击"图形编辑器"目录，选择"新建画面"，即在显示区建立了一个"NewPdlO.Pdl"的画面文件，右键单击该文件可以修改其名称。双击该画面文件，即可启动"图形编辑器"，如图 1-38 所示。

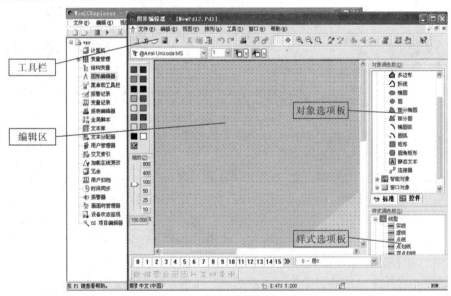

图 1-38　"图形编辑器"窗口

　　选择图 1-38 中"对象选项板"的"智能对象"选项，单击"输入/输出域"对象将其拖拉到编辑区，会出现一个"I/O 域组态"对话框，如图 1-39 所示。单击"变量"项旁边的 图标，选择新建的 NewTag 内部变量，"更新"项的变量更新时间改为"根据变化"，"类型"选择为"输出和输入"，"字体大小"改为"28"等。

　　图 1-39 中，"输出"类型是指该 I/O 域只能显示，无法输入编辑；而"输入"类型则只输入，无法显示更新后的值。

　　保存后关闭图形编辑器。

图 1-39　加入一个"输入/输出域"对象

5. 更改计算机属性

　　计算机属性主要对计算机名称、类型、起始画面及运行界面的一些参数进行设置。

　　图 1-20 中右键单击"计算机"选项，选择"属性"，打开如图 1-40 所示的"计算机列表属性"对话框，选中相应的计算机，单击"属性"按钮，打开如图 1-41 所示的"计算机属性"对话框，包含以下 5 个选项卡：

　　(1) "常规"选项卡列出了当前的计算机名称和计算机类型。若从另外一台计算机上复制 WinCC 项目，则需要将该项目的"计算机名称"(如图 1-41 所示)更改为当前计算机的名称。对项目中的计算机名称进行修改后，必须关闭项目再重新打开才能生效。

(2) "启动"选项卡可以设置 WinCC 运行时的各个系统以及附加的任务/应用程序, 可以单击图 1-42 中"添加"按钮, 添加其他需要的应用程序。

(3) "参数"选项卡如图 1-43 所示, 可以设置 WinCC 运行时的语言和默认语言。若需某些组合键不起作用, 则勾选"禁止键"项下的相应复选框。另外, 还可以设置 PLC 时钟及运行时显示时间的时间基准等。

图 1-40   "计算机列表属性"对话框   图 1-41   "计算机属性"对话框

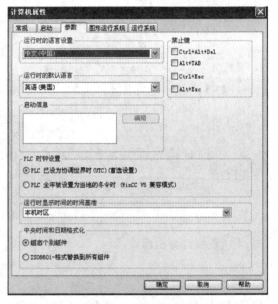

图 1-42   "启动"选项卡   图 1-43   "参数"选项卡

(4) "图形运行系统"选项卡如图 1-44 所示, 可以设置 WinCC 运行时的启示画面, 如单击"浏览"按钮, 选择前面编辑的画面"NewPdlO.Pdl"。"窗口属性"项中可以勾选运行时图形画面上的相应功能, 注意全屏和其他项不能同时选择。还可以定义各种热键。

(5) "运行系统"选项卡如图 1-45 所示，可以定义 VBS 画面脚本和全局脚本的调试特性，还可设置是否启用监视键盘(软件键盘)等选项。

图 1-44　"图形运行系统"选项卡　　　　　图 1-45　"运行系统"选项卡

6. 激活项目

1) 启动激活项目

单击 WinCC 项目管理器"工具栏"的 ▶(激活项目)图标，或者在项目管理器菜单栏中单击"File"→"Activate"，WinCC 将按照"计算机属性"的设置来运行项目，如图 1-46 所示，可以在"I/O 域"中输入相关变量的值。

对于多用户项目，首先需要启动所有服务器上的运行系统，才可以启动 WinCC 客户机上的运行系统。对于冗余系统，首先启动主服务器上的运行系统，再启动备份服务器上的运行系统。

2) 取消激活项目

单击 WinCC 项目管理器"工具栏"的 ■(取消激活项目)图标，或者在项目管理器菜单栏中单击"File"→"√Activate"，取消激活项目，WinCC 运行系统窗口关闭，退出运行系统。

3) Windows 系统启动时自动激活

当一个项目激活后，可以设置在启动 Windows 操作系统后自动运行 WinCC 项目。

选择"开始"→"所有程序"→"SIMATIC"→"WinCC"→"AutoStart"，打开"AutoStart 组态"对话框，如图 1-47 所示，单击 … 按钮添加项目，并勾选"启动时激活项目"，单击"添加到 AutoStart"按钮，则计算机每次启动后，WinCC 项目将自动启动。选择"从 AutoStart 中删除"按钮，可删除不希望自动启动的项目。

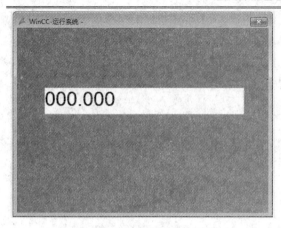 

图 1-46　运行界面   图 1-47　"AutoStart 组态"对话框

7. 仿真器模拟

如果 WinCC 没有与 PLC 连接，则可以使用 WinCC 模拟来测试相关项目。

WinCC 提供了一个仿真工具"WinCC TAG Simulator"用于内部变量的仿真，单击"开始"→"所有程序"→"SIMATIC"→"WinCC"→"Tools"→"WinCC TAG Simulator"，即可打开该仿真工具，如图 1-48 所示。

该仿真工具包括"Lists of Tags"和"Properties"两个选项卡。若单击"Edit"菜单下的"New Tag"项，增加前面新建的"NewTag"变量对其进行仿真，则变量"NewTag"添加显示在"Properties"选项卡中，如图 1-49 所示。

"WinCC TAG Simulator"仿真工具提供了正弦(Sine)、振荡(Osicillation)、随机(Random)、增加(Inc)、减少(Dec)和滚动条(Slider)6 种仿真算法，分别输入各种模型的相关参数，勾选如图 1-49 所示的"active"项，单击如图 1-48 所示的"Start Simulation"按钮，即开始变量的仿真。在"Lists of Tags"选项卡中可以监视仿真的变量，如图 1-50 所示。此时查看图 1-46 的运行界面，就会发现 I/O 域连接的变量数值发生了变化。

 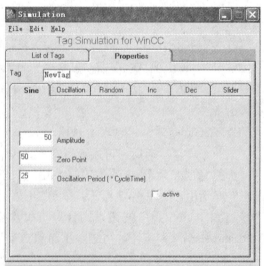

图 1-48　"WinCC TAG Simulator"仿真工具   图 1-49　添加 NewTag 变量以便仿真

图 1-50　监视仿真的变量

1.3　触　摸　屏

触摸屏是操作人员与 PLC 之间双向沟通的桥梁，是目前最简单、方便、自然的一种人机交互方式。

1.3.1　触摸屏结构原理

1. HMI 简介

人机界面(Human Machine Interface，HMI)又称为人机接口，从广义上说，HMI 泛指计算机(包括 PLC)与操作人员交换信息的设备。在控制领域，一般特指用于操作人员与控制系统之间进行对话和相互作用的专用设备，包含硬件和软件。

人机界面面向工业现场环境应用，坚固耐用，防护等级较高，能够在恶劣的工业环境中长时间连续运行，因此 HMI 是 PLC 的最佳搭档，主要有以下功能。

(1) 过程可视化：在人机界面上动态显示过程数据(即 PLC 采集的现场数据)。

(2) 操作人员对过程的控制：操作人员通过图形界面来控制过程，如参数修改、按钮启动电机等。

(3) 归档过程值和报警：HMI 系统可以记录报警和过程值。该功能可以记录过程值序列，并检索以前的生产数据。

(4) 显示报警：过程的临界状态会自动触发报警，如当变量超出设定值时。

(5) 输出过程值和报警记录：可输出生产过程中参数的过程数据及报警数据等。

(6) 过程和设备的参数管理：HMI 系统可以将过程和设备的参数存储在配方中。如可以一次性将这些参数从 HMI 设备下载到 PLC，以便改变产品版本进行生产。

按显示方式的不同，可以将人机界面产品分成文本显示器、操作员面板和触摸屏。

触摸屏也称触摸面板，触摸屏 TP 177B 如图 1-51 所示。用户可以在触摸屏画面上设置具有明确意义和提示信息的触摸式按键(文字、按钮、图形和数字信息等)，处理或监控不断变化的信息，使用直观方便。

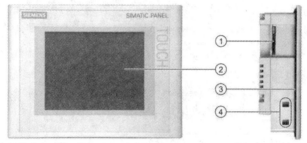

①—多媒体卡插槽；②—显示\触摸屏；③—安装密封圈；④—卡紧凹槽
图 1-51　触摸屏 TP 177B

2. 应用场景

1) 单台 HMI 设备的控制

通过过程总线直接与 PLC 连接的 HMI 设备称为单用户系统，如图 1-52 所示。单用户系统通常用于生产，但也可以配置为操作和监视独立的部分过程或系统区域。

2) 具有集中功能的 HMI 系统

HMI 系统通过以太网连接至 PC。上位 PC 承担中心功能，如配方管理。必要的配方数据记录由次级 HMI 系统提供。具有集中功能的 HMI 系统如图 1-53 所示。当然，该系统也支持无线移动面板，或通过网络(Internet、LAN)从工作站连接至 HMI 设备，实现远程访问和监控。

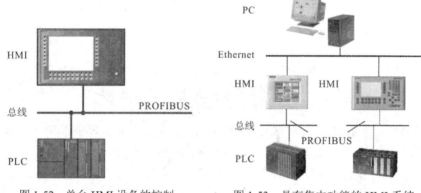

图 1-52　单台 HMI 设备的控制　　　图 1-53　具有集中功能的 HMI 系统

1.3.2　触摸屏的功能与应用

1. 软件简介

在使用人机界面时，需要解决画面设计和与 PLC 通信的问题。组态软件可解决上述问题，并且使用方便、易学易用。

西门子的人机界面早期采用 ProTool 组态，后期升级换代为 SIMATIC WinCC flexible，并且与 ProTool 保持了一致性。SIMATIC WinCC flexible 支持多种语言，从而遍及全球。

WinCC flexible 简单、高效，易于上手，功能强大，可提供智能化的工具，如图形导航和移动的图形化组态。

WinCC flexible 带有丰富的图库，可向用户提供大量的对象，其缩放比例和动态性能都是可变的。使用图库中的元件，可以快速方便地生成各种美观的画面。

WinCC flexible 具有开放简易的扩展功能，带有 Visual Basic 脚本功能，集成了 ActiveX 控件，可以将人机界面集成到 TCP/IP 网络。

不同的 WinCC flexible 版本确定了可以组态的 HMI 设备。如果要组态当前的 WinCC flexible 版本不支持的 HMI 设备，则可以将其移植到另一个 WinCC flexible 版本，现有设备的全部功能仍然可用。

2. WinCC flexible 的操作界面

WinCC flexible 的操作界面如图 1-54 所示。

1) 菜单和工具栏

可以通过 WinCC flexible 的菜单和工具栏访问其所提供的全部功能。用鼠标右键单击工具栏，在出现的快捷菜单中，可以打开或关闭选择的工具栏。

2) 项目视图

图 1-54 中左上角的窗口为项目视图窗口。项目中所有可用的组成部分和编辑器在项目视图中以树型结构显示。

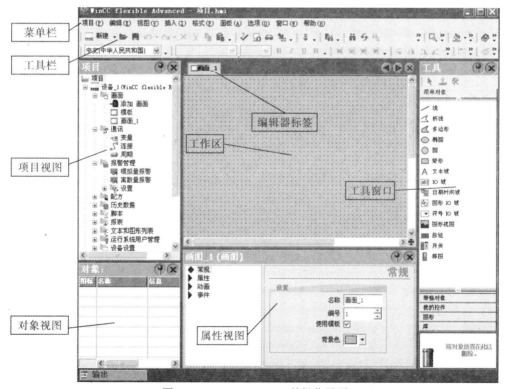

图 1-54　WinCC flexible 的操作界面

项目中的各组态部分在项目视图中分为项目、HMI 设备、文件夹和对象 4 个层次。每个编辑器的子元件用文件夹以结构化的方式保存。在"项目"窗口中，还可以访问 HMI 的设备设置、语言设置和版本管理。

图 1-54 中 "画面_1" 的画面和画面模板等为生成项目时自动创建的一些元件。

3) 属性视图

属性视图用于设置在工作区中所选取对象的属性，输入参数后按 "Enter" 键生效。属性视图一般在工作区的下方。

4) 工作区

用户可在工作区编辑项目对象，所有 WinCC flexible 元素都排列在工作区域的边框上。除了工作区之外，可以对其他窗口进行移动、改变大小和隐藏等操作。用鼠标单击工作区右上角的按钮 ✕，将会关闭当前被打开(即被显示)的编辑器。如果不能全部显示被同时打开的编辑器标签，则可以用 ◀ 和 ▶ 按钮来左右移动编辑器的标签。

5) 工具箱中的对象

工具箱中可以使用的对象与 HMI 设备的型号有关。

工具箱包含过程画面中需要经常使用的各种类型的对象。如图形对象或操作员控制元件，工具箱还提供了许多库，这些库包含对象模板和各种不同的面板。

可以用 "视图" 中的 "工具" 命令显示或隐藏工具箱视图。

根据当前激活的编辑器，"工具箱" 包含不同的对象组。打开"画面"编辑器时，工具箱提供的对象组有 "简单对象" "增强对象" "图形" 和 "库"。不同的人机界面可以使用不同的对象。"简单对象" 中有 "线" "折线" "多边形" "矩形" "文本域" "图形视图" "按钮" "开关" 和 "IO" 域等对象。"增强对象" 提供增强的功能，这些对象的用途之一是显示动态过程，如配方视图、报警视图和趋势图等。"库" 是工具箱视图元件，可用于存储常用对象的中央数据库，只需对库中存储的对象组态一次，以后便可以多次重复使用。

WinCC flexible 的库分为全局库和项目库。全局库存放在 WinCC flexible 安装文件的一个文件夹中，可用于所有的项目，它存储在项目的数据中，可以将项目库中的元件复制到全局库中。

6) 输出视图

输出视图用来显示在项目投入运行之前自动生成的系统报警信息，如组态中存在的错误等信息会在输出视图中显示。

可以用 "视图" 菜单中的 "输出" 命令来显示或隐藏输出视图。

7) 对象视图

"对象" 窗口用来显示在项目视图中指定的某些文件夹或编辑器中的内容，执行"视图"菜单中的"对象"命令，可以打开或关闭对象视图。

8) 对窗口和工具栏的操作

WinCC flexible 允许自定义窗口中工具栏的布局。可以隐藏某些不常用的窗口以扩大工作区。

用鼠标单击输出视图右上角的按钮 📌，按钮中 "操作杆" 的方向将会变化。位于垂直方向时，输出视图不会隐藏；位于水平方向时，用鼠标单击输出视图之外的其他区域，该视图被隐藏，同时在屏幕左下角出现相应的图标(见图 1-54)。将鼠标放到该图标上，将会重新出现输出视图。

用鼠标单击输出视图右上角的按钮 ✖，对象视图被关闭。执行菜单命令"视图"→"对象视图"，该视图将会重新出现。

执行"视图"菜单中的"重新设置布局"命令，窗口的排列将会恢复到生成项目时的初始状态。

9) 组态界面设置

执行菜单命令"选项"→"设置"，在出现的对话框中，可以设置 WinCC flexible 的组态界面，如图 1-55 所示。组态界面设置包括设置 WinCC flexible 的菜单、对话框等组态界面使用的语言等。

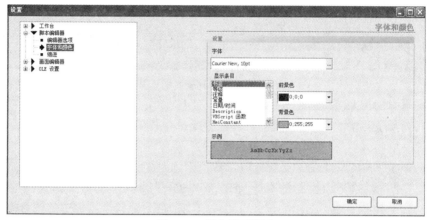

图 1-55　组态界面设置

3. WinCC flexible 的使用

1) 项目创建编辑

项目是组态用户界面的基础，在项目中可创建编辑画面、变量、报警、面板、图形列表、文本列表等对象。画面用来描述被监控的系统；变量用来在人机界面和被控设备(PLC)之间传送数据；报警用来指示被监控系统的某些运行状态。

用鼠标双击 Windows 桌面上 WinCC flexible 的图标 **Cflt**，或在 WinCC flexible 操作界面右键单击"设备"→"更新设备类型"，将打开 WinCC flexible 项目向导。项目向导有 4 个选项：打开最新编辑过的项目，使用项目向导创建一个新项目，打开一个现有的项目，创建一个空项目。此处选择"创建一个空项目"选项。在出现如图 1-56 所示的"设备类型"对话框中选择 HMI 设备的型号，用鼠标双击"Panels"下"170"选项上的"TP 177B 6″color PN/DP"图标，或选中"TP 177B6″color PN/DP"图标，用鼠标单击"确定"按钮，创建一个新的项目。在项目视图中，可修改项目名称。执行菜单命令"文件"→"另存为"，设置保存。

2) 生成变量

(1) 变量的分类。变量分为外部变量和内部变量，每个变量都有相应的符号名和数据类型。

外部变量是操作单元(人机界面)与 PLC 进行数据交换的桥梁，是 PLC 中所定义存储单元的映像，无论是 HMI 设备还是 PLC，都可对该存储位置进行读/写访问。由于外部变量是在 PLC 中定义的存储位置的映像，因而它能采用的数据类型取决于与 HMI 设备相连的 PLC。

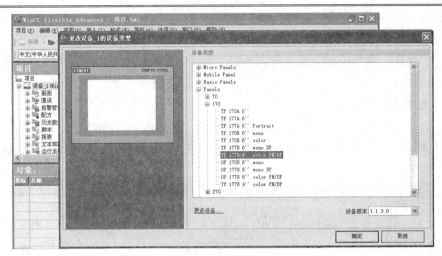

图 1-56　选择 HMI 设备的型号

内部变量存储在 HMI 设备的存储器中，只有 HMI 设备能访问内部变量，与 PLC 没有连接关系。内部变量用于 HMI 设备内部的计算或执行其他任务。内部变量用名称来区分，没有地址。

(2) 变量的生成与属性设置。变量编辑器用来创建和组态变量。用鼠标双击项目视图中的"变量"图标，将打开变量编辑器。图 1-57 为变量编辑器，可在工作区的表格中或在表格下方的属性视图中编辑变量的属性。可以通过单击列标题来按列中的条目排序表格。

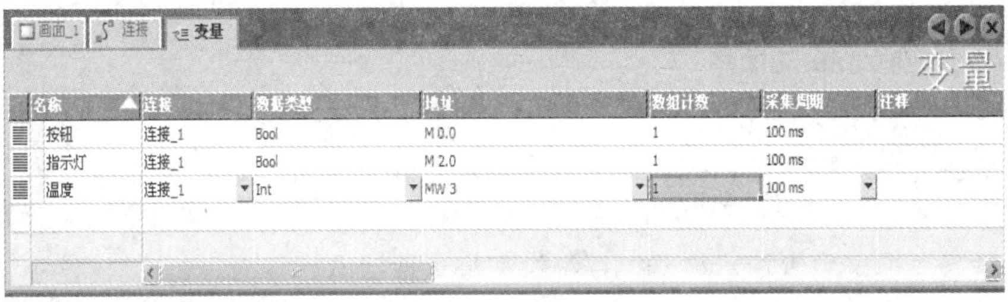

图 1-57　变量编辑器

用鼠标双击变量表中下方的空白行，将会自动生成一个新的变量，变量的参数与上一行变量的参数基本相同，其名称和地址与上一行的地址和变量按顺序排列。或选中已建变量中的某一变量，并按住鼠标左键往下拖，可以出现若干与所选中行的变量参数基本相同的变量，其名称和地址与上一行的名称和地址按顺序排列。

用鼠标单击图 1-57 中变量表的"连接"列单元中的 ▼ 图标，可以选择"连接_1"(HMI 设备与 PLC 的连接)或"内部变量"。

用鼠标单击变量表的"数据类型"列单元中的 ▼ 图标，可选择变量的数据类型。"Bool"为用于开关量的二进制位，"Byte"为字节型数，"Int"为有符号的 16 位整数，"Word"为字型数等。

用鼠标单击变量表的"地址"列单元中的 ▼ 图标，可选择 DB、I、PI、Q、PQ 和 M 等数据存储区。

用鼠标单击变量表的"采集周期"列单元中的 ▼ 图标，可以选择周期值，范围为 100 ms～1 h。采集周期用来确定画面的刷新频率。在设置时需要考虑过程值的变化速度。

变量表中"注释"列，可以对所定义变量进行注释。

用鼠标单击变量表中变量名称前面的▤图标，即可选中该变量，按下"Delete(删除)"键可删除选中的变量。

3) 通信连接

WinCC flexible 通过变量和区域指针控制 HMI 和 PLC 之间的通信。

区域指针用于交换特定用户数据区的数据，属于参数域。WinCC flexible 可在运行时通过这些参数域接收 PLC 中的数据区的位置和大小等信息。在通信过程中，PLC 和 HMI设备接替访问这些数据区，以进行读/写操作。根据对存储在这些数据区中的数据进行分析，PLC 和 HMI 设备可触发一些定义的操作。

用鼠标单击项目视图的"通信"文件夹中的"连接"图标，打开连接编辑器，如图 1-58 所示。用鼠标单击连接表中的第一行，将会自动出现与 S7-300/400 的连接，连接的默认名称为"连接_1"。连接表的下方是连接参数，一般可以直接采用默认值，用户也可以修改这些参数。

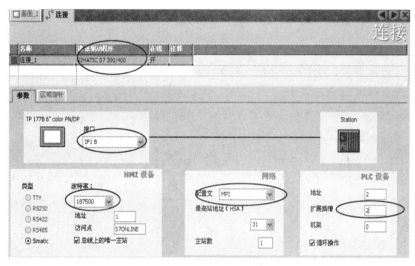

图 1-58　连接编辑器

TP 177B 6″color PN/DP 触摸屏有 RS 485 接口和以太网接口两个类型接口。若选择RS 485(IFIB)，则 HMI 与 S7-300 PLC 之间可采用 MPI 和 DP 两种网络方式进行数据通信；若选择以太网，则 HMI 与 S7-300 PLC 之间采用以太网方式进行数据通信。通信波特率为19.2 kb～12 Mb。网络栏中配置文件有"MPI""DP""标准的"和"通用的"4 种选择。因为与 S7-300 PLC 通信时，其 CPU 安装在机架的第 2 号槽上，所以 PLC 设备的扩展插槽填入"2"。"区域指针"标签含有两个区域指针表格，"用于所有连接"表格含有在项目中只创建一次且只能用于一个连接的区域指针；"用于每个连接"表格含有可以为每个可用连接单独设置的区域指针。

4) 创建画面

人机界面用可视化的画面元件来反映实际的工业生产过程，也可以在画面中修改工业现场的过程设定值。

画面由静态元件和动态元件组成。静态元件(如文本或图形对象)用于静态显示，在运行时不改变它们的状态，不需要变量与之连接，且不能由 PLC 更新。

动态元件可根据过程改变状态，需要设置与它连接的变量，用图形、字符、数字趋势图和棒图等画面元件来显示 PLC 或 HMI 设备存储器中输出的过程值。PLC 或 HMI 设备通过变量和动态元件交换过程值和操作员的输入值。

创建一个空项目后，系统将自动生成一个名为"画面_1"的画面，如图 1-54 所示，用鼠标左键双击项目视图中"添加画面"图标，可创建新的画面，系统会按顺序产生画面名(如"画面_2")。可以对画面名称进行重命名。用鼠标双击项目视图中画面的名称，可打开相应的画面编辑器；或在编辑器窗口中，用鼠标单击相应的画面标签，也可打开相应的画面编辑器。

在画面编辑器下方属性对话框的"常规"选项卡中，可以设置画面的名称、编号和背景颜色。

要创建画面，需要进行下列初始步骤：

(1) 创建过程可视化结构的草图，也就是定义画面的结构和数目。

(2) 定义画面浏览控制策略。

(3) 调整模板。

针对选定的 HMI 设备，存储在 WinCC flexible 中的模板适用于所有项目画面。可以在该模板中定义对象和分配全局功能键。对于一些 HMI 设备，可以将想要集成到所有画面中的对象放在永久窗口中。

(4) 创建画面。可使用下列选项进行有效的画面创建。

① 在"画面浏览"编辑器中创建画面结构。

② 使用库。

③ 使用面板。

④ 使用层。

5) 项目仿真。

WinCC flexible 提供了一个仿真器软件，在没有 HMI 设备的情况下，可以使用 WinCC flexible 的运行系统模拟 HMI 设备，用于测试项目，调试已组态的 HMI 设备功能。

执行"项目"菜单下"编译器"中的"使用仿真器"，启动"运行系统"命令或用鼠标单击工具栏中的按钮 ，可直接从正在运行的组态软件中启动仿真器。

如果启动仿真器之前没有预先编译项目，则系统自动启动编译，编译成功后才能模拟运行。编译的相关信息将显示在输出视图中。

6) 项目传送

传送操作包括项目文件下载、回传、HMI 设备操作系统更新、HMI 设备数据备份和授权传送等。其中较常用的是项目文件下载、HMI 设备操作系统更新和授权传送。

完成组态后，选择"项目"→"编译器"→"编译"或"项目"→"编译器"→"全部重建"菜单命令，可检查项目的一致性。系统将生成编译好的项目文件，该项目文件分配有与项目相同的文件名，但是扩展名为"*.fwx"。

项目调试完成后，需要将项目传送到 HMI 设备中。传送前，需要通信设置和 HMI 设备的连接。HMI 设备与组态的 PC 连接方式取决于 HMI 设备的型号；其次分别在组态软件 WinCC flexible 与 HMI 设备上设置通信参数，该参数要与实际连接方式一致；最后才能将项目从组态 PC 传送到 HMI 设备。

以 TP 177B PN/DP 为例，介绍项目传送步骤。

(1) HMI 设备与组态 PC 的连接。TP 177B PN/DP 有一个 USB 接口，一个 RS422/ RS-485 接口和一个 PROFINET I/O 以太网接口。TP 177B PN/DP 与组态的 PC 之间有 4 种连接方式供用户选择，分别通过以太网连接、RS232/PPI 多主站电缆连接、MPI/DP 连接、USB 连接。

(2) 设置 HMI 设备与组态软件的通信参数。

① 设置 HMI 设备的通信参数。用户可根据 HMI 设备与组态 PC 的连接方式来设置 HMI 设备的通信参数。HMI 上电后，在 "Loader(装载程序)" 对话框中，按下 "Control Panel(控制面板)" 按钮，在打开的界面中用鼠标双击 "Transfer(传送)" 图标，弹出 "Transfer Settings(传送设置)" 对话框。

在 "Channel(通道)" 标签中，通过 RS232/PPI 多主站电缆连接方式进行数据传送时，需要对 "Channel 1(通道 1)" 进行设置。若通过以太网连接、MPI/DP 连接、USB 连接方式进行数据传送，则可以通过下拉菜单进行选择，对 "Channel 2(通道 2)" 进行设置。根据 HMI 设备与组态 PC 的连接情况，激活相应的 "Enable Channel(传输通道)" 复选框和 "Remote Control(远程控制)" 复选框。"Remote Control(远程控制)" 表示无须手动退出运行系统即可将项目下载到触摸屏中。

选择使用 "Channel 2(通道 2)" 进行下载时，若通过以太网连接、MPI/DP 连接方式传送数据，则还需要用鼠标单击 "Advanced(高级)" 按钮设置总线参数。如站地址(MPI 或 PROFIBUS 地址)、IP 地址、传输速率和网络最高站地址等。

② 设置组态软件 WinCC flexible 的通信参数。用户可根据 HMI 设备与组态 PC 的连接方式来设置组态软件 WinCC flexible 的通信参数。打开用户的工程项目后，执行 "项目"→"传送"→"传送设置" 命令，将会出现 "选择设备进行传送" 对话框。

用户需要进一步设置通信参数，可根据 HMI 设备与组态 PC 的连接方式来进行模式的设置。

以太网：HMI 设备与组态 PC 通过以太网连接进行数据传输，需要设置项目传送到的触摸屏的 IP 地址。注意，此处 IP 地址不是用于组态 PC 的 IP 地址。

RS232/PPI 多主站电缆：HMI 设备与组态 PC 通过 RS232/PPI 多主站电缆连接进行数据传输。选择串行模式，需要设置连接的串口号及波特率，使用 RS232/RS-485 适配器。注意，该波特率的设置与 RS232/RS-485 适配器上 DIP 开关的设置一致。

MPI/DP：HMI 设备与组态 PC 通过 MPI 或 PROFIBUS-DP 连接进行数据传输，需要输入触摸屏的 MPI 站地址或 PROFIBUS 站地址。选择 MPI 接口进行连接时，可用 PC Adapter 适配器。

USB：使用 USB/PPI 多主站电缆连接方式进行数据传输。

(3) 传送项目。通信参数设置完成后，用鼠标单击传送窗口中的 "传送" 按钮，即可将用户的工程项目下载到 HMI 设备中。

如果在 WinCC flexible 软件中选择的设备版本与实际 HMI 的设备版本不一致，则无法将计算机上所组态的项目下载到 HMI 设备中。此时，需要对设备进行 "OS 更新"。执行 "项目"→"传送"→"OS 更新" 命令，在弹出的对话框中用鼠标单击 "更新 OS" 按钮，对 HMI 设备进行更新。

如果连接成功，在组态 PC 的屏幕上将会出现 "传送状态" 窗口显示传送进度，项目将被传送到 HMI 设备中。如果传送失败，将出现错误提示信息，提示不能建立连接。这时需要检查相关的设置、接口和电缆。

习　题

1. PLC 能够在工业现场使用的原因是什么？
2. PLC 通用编程语言有哪些？各有什么特点？
3. PLC 可以用在哪些领域？
4. 数字量交流输入模块和直流输入模块分别适用于什么场合？
5. PLC 的工作原理是什么？简述 PLC 的扫描工作过程。
6. 请写出以下指令表对应的梯形图。

0	LD X0	9	OR X7
1	AND X1	10	ANB
2	ANI X2	11	OUT Y3
3	OR X3	12	LD X11
4	OUT Y1	13	OUT Y4
5	OUT Y2	14	AND X12
6	LD X4	15	OUT Y5
7	OR X5	16	END
8	LD X6		

7. 请写出题 7 图所示梯形图对应的指令表。

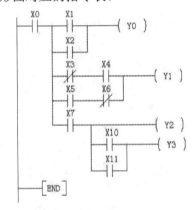

题 7 图

8. 用 PLC 设计一个抢答器控制系统。设计要求：(1) 抢答台 4 个，分别用 A、B、C、D 表示并有指示灯和抢答键；(2) 1 个裁判员台并带指示灯、抢答开始按键和复位按键；(3) 抢答时，有 3 s 声音报警。画出 PLC 接线图，并设计梯形图程序。

9. 简述组态软件的功能。
10. WinCC 的变量有哪几种？各有什么功能？
11. 简述触摸屏的功能。

第 2 章　工业通信连接

随着计算机和网络技术的发展，工业自动化水平不断提高，分布式控制系统在工厂自动化和过程自动化中的应用领域迅速增长，工业控制网络已经成为现代工业控制系统中不可或缺的重要组成部分。而现场总线技术是工业网络通信中的重要技术，从计算机、PLC到现场 I/O 设备、驱动设备和人机界面，总线网络通信技术无处不在。

2.1　自动化控制系统及总线技术

1. 自动化控制系统

20 世纪 50 年代，现场仪表和自动化设备仅可提供模拟信号，为了解决模拟信号传输的缺点，一部分模拟信号被数字信号所取代，由中心计算机统一进行监视和处理。

1) 集散式控制系统

随着计算机技术的发展和可靠性的提高，其价格大幅度地下降，并出现了可编程控制器及多个计算机递阶构成的集中与分散相结合的集散式控制系统(Distributed Control System，DCS)，实现集中控制、分散处理，使控制室与 DCS 控制站或 PLC 之间的网络通信成为可能。但是现场的传感器执行器与 DCS 控制站之间仍然是一个信号、一根电缆的传输方式，导致电缆数量过多，信号传送过程中干扰问题十分突出，而且，在 DCS 形成的过程中，各厂商的产品自成系统，难以实现不同系统间的互操作。

2) 现场总线控制系统

随着智能芯片技术的成熟发展，设备智能程度大幅提高，现场总线技术出现并得到应用，通过标准的现场总线通信接口，现场的 I/O 信号、传感器及变送器的设备可以直接连接到现场总线上，可以通过一根总线电缆传递所有数据信号，大大降低了布线的成本，提高了通信的可靠性。

正是在这个背景下，工业通信网络得到发展，全厂范围的工业通信网络逐渐成形，全集成自动化(Totally Integrated Automation，TIA)应运而生。

工业通信网络是一个企业内部网络，可将信号检测和数据传输、处理、计算、控制等设备或系统连接在一起以实现企业内部的资源共享、数据管理、过程控制、经营决策，并能访问企业外部资源和提供有限的外部访问，使得企业的生产、管理和经验能够高效的协调运作，从而实现企业集成管理和控制的一种网络环境。

2. 现场总线技术及其国际标准

1) 现场总线的基本概念

IEC(国际电工委员会)对现场总线(Fieldbus)的定义是"安装在制造和过程区域的现场

装置与控制室内的自动控制装置之间的数字式、串行、多点通信的数据总线"。现场总线是当前工业自动化的热点之一。

现场总线是近年来迅速发展起来的一种工业数据总线，主要解决工业现场的智能化仪器仪表、控制器、执行机构等现场设备间的数字通信，以及这些现场控制设备和高级控制系统之间的信息传递问题。由于现场总线具有简单、可靠、经济实用等一系列突出的优点，同时具有开放性、独立性、全数字化的双向多变量通信，因而受到了许多标准团体和计算机厂商的高度重视。

使用现场总线后，可以节约配线、安装、调试和维护等方面的费用，操作员可以在中央控制室实现远程监控，对现场设备进行参数调整，还可以通过现场设备的自诊断功能诊断故障和寻找故障点。

2) IEC 61158

IEC 的现场总线国际标准(IEC 61158)在 1999 年底批准通过，经过多方协商，最终囊括了 8 种互不兼容的协议，这 8 种协议对应于 IEC 61158 中的 8 种现场总线类型。

类型 1：TS 61158，原 IEC 技术报告。

类型 2：ControlNet(美国 Rockwell 公司支持)。

类型 3：PROFIBUS(德国西门子公司支持)。

类型 4：P-Net(丹麦 Process Data 公司支持)。

类型 5：FF 的 HSE(高速以太网，现场总线基金会的 H2，美国 Fisher Rosemount 公司支持)。

类型 6：SwiftNet(美国波音公司支持)。

类型 7：WorldFIP(法国 Alstom 公司支持)。

类型 8：Interbus(德国 Phoenix contact 公司支持)。

2000 年又补充了两种类型。

类型 9：FFH1(美国 Fisher Rosemount 公司支持)。

类型 10：PROFINET(德国西门子公司支持)。

由于以太网应用非常普及，产品价格低廉，硬件软件资源丰富，传输速率高(工业控制网络已经使用 1000 Mb/s 以太网)，网络结构灵活，可以用软件和硬件措施来解决响应时间不确定的问题，各大公司和标准化组织纷纷提出了各种提升工业以太网实时性的解决方案，从而产生了实时以太网(Real Time Ethernet，RTE)。

EPA(Ethernet for Plant Automation，用于工厂自动化的以太网)是我国拥有自主知识产权的实时以太网通信标准,已被列入现场总线国际标准 IEC 61158 第 4 版,见表 2-1 的类型 14。

表 2-1　IEC 61158 中的现场总线类型

类 型	技术名称	类 型	技术名称
类型 1	TS1158 现场总线	类型 11	TC net 实时以太网
类型 2	CIP 现场总线	类型 12	Ether CAT 实时以太网
类型 3	PROFIBUS 现场总线	类型 13	Ethernet Power 实时以太网
类型 4	P-Net 现场总线	类型 14	EPA 实时以太网
类型 5	FF-HSE 高速以太网	类型 12	Modbus RTPS 实时以太网

类 型	技术名称	类 型	技术名称
类型 6	SwiftNet(已被撤销)	类型 16	SERCOS Ⅰ Ⅱ现场总线
类型 7	WorldFIP 现场总线	类型 17	VNET/IP 实时以太网
类型 8	Interbus 现场总线	类型 18	CC-Link 现场总线
类型 9	FF H1 现场总线	类型 19	SERCOS Ⅲ实时以太网
类型 10	PROFINET 实时以太网	类型 20	HART 现场总线

3. SIMATIC NET 介绍

SIMATIC NET 是西门子工业通信网解决方案的统称，是 TIA 的有机组件。

SIMATIC NET 的功能包括从现场级到管理级的完全集成；通过工业以太网覆盖现场区域；促进了移动通信；集成了 IT 技术。

1) 工业通信网络结构

一般而言，企业的通信网络可划分为现场级、车间级和企业级 3 级。

(1) 现场级通信网络。

现场级通信网络处于工业网络系统的最底层，直接连接现场的各种设备，包括 I/O 设备、传感器、变送器、变频与驱动等装置，由于连接的设备千变万化，因此所使用的通信方式也比较复杂。而且，由于现场级通信网络直接连接现场设备，网络上传递的主要是控制信号，因此，对网络的实时性和确定性有很高的要求。

对于现场级通信网络，PROFIBUS 是主要的解决方案。同时，SIMATIC NET 也支持诸如 AS-I、EIB 等总线技术。

(2) 车间级通信网络。

车间级通信网络介于企业级通信网络和现场级通信网络之间。它的主要任务是解决车间内各需要协调工作的不同工艺段之间的通信，从通信需求角度来看，要求通信网络能够高速传递大量信息和少量控制数据，同时具有较强的实时性。

对车间级通信网络，所使用的主要解决方案是工业以太网。

(3) 企业级通信网络。

企业级通信网络用于企业的上层管理，为企业提供生产、经营、管理等数据，通过信息化的方式优化企业的资源，提高企业的管理水平。

在这个层次的通信网络中，IT 技术的应用十分广泛，如 Internet。

2) SIMATIC NET 网络类型

SIMATIC NET 可以分为两种网络类型。

(1) 网络类型 1：符合国际标准通信网络类型，见表 2-2。这类网络性能优异、功能强大、互联性好，但应用复杂、软硬件投资成本高。

表 2-2 网络类型 1

类 型	特 性	通信标准
工业以太网	大量数据、高速传输	IEEE802.310MB/S 国际标准 IEEE802.3U 100MB/S 国际标准

续表

类　型	特　性	通信标准
PROFIBUS	中量数据、高速传输	IEC61158 TYPE3 国际标准 EN50170 欧洲标准 JB/T 10308.3 中国标准
AS-I	用于传感器和执行器	IEC TG 17B 国际标准 EN50295 欧洲标准
EIB	用于楼宇自动化	ANSI EIA 776 国际标准 EN50090 欧洲标准

(2) 网络类型 2：西门子专有通信网络类型，见表 2-3。这类网络开发应用方便、软硬件投资成本低。但与国际标准通信网络类型比较，性能低于以上标准，互联性低于以上标准。

表 2-3　网络类型 2

类　型	特　性
MPI	适用于多个 CPU 之间少量数据、高速传输，成本要求低；产品集成，成本低，使用简单；较多用于编程、监控等
PPI	专为 S7-200 系列 PLC 设计的双绞线点对点通信协议
自由进行通信	适用于特殊协议、串行传输；用此通信方式，控制系统可与通信协议公开的任何设施自由通信

3) SIMATIC NET 工业通信网络解决方案

SIMATIC NET 为工业控制领域提供了非常完整的通信解决方案。它规定了 PC 与 PLC 之间、PLC 与 PLC 之间、PLC 与 OP 之间、PLC 与 PG 之间、PLC 与现场设备之间信息交换的接口连接关系，以及相应的多种通信方式。现场控制信号，例如 I/O、传感器、变频器，可直接连接到 PROFIBUS-DP 上，也可以连接到 AS-I 或 EIB 总线上，再通过转换器接到 PROFIBUS-DP 上；控制器和控制器之间的数据通信通过工业以太网来实现，如图 2-1 所示。

使用 SIMATIC NET，可以很容易地实现工业控制系统中数据的横向和纵向集成，很好地满足工业领域的通信需求。而且，借助于集成的网络管理功能，用户可以在上层网络中很方便地实现对整个网络的监控。

(1) PtP。点到点连接(Point-to-Point Connections)，可以连接两个站或连接设备到 PLC，例如 OP、打印机、条码扫描器、磁卡阅读机等。

(2) MPI。MPI 网络可用于单元层，它是 SIMATIC S7、M7 和 C7 的多点接口。

(3) PROFIBUS。工业现场总线(PROFIBUS)是用于单元层和现场层的通信系统。

(4) Industrial Ethernet。工业以太网(Industrial Ethernet)是一个用于工厂管理和单元层的通信系统。工业以太网被设计为对时间要求不严格，可用于传输大量数据的通信系统，可以通过网关设备来连接远程网络。

(5) AS-I。执行器传感器接口(Actuator Sensor Interface)是位于自动控制系统最底层的网络，可以将二进制传感器和执行器连接到网络上。

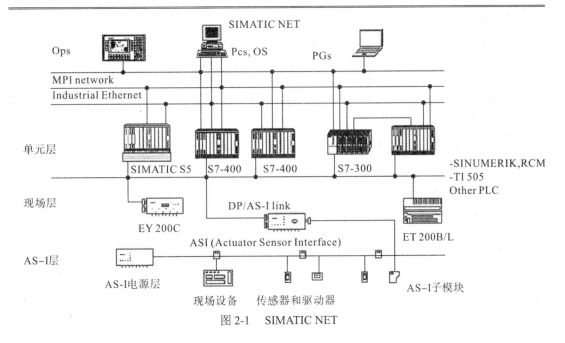

图 2-1 SIMATIC NET

2.2 PROFIBUS 网络通信

1. PROFIBUS 总线

1) PROFIBUS

PROFIBUS 是过程现场总线(Process Field Bus)的缩写，是在欧洲工业界得到最广泛应用的一个现场总线标准，也是目前国际上通用的现场总线标准之一。PROFIBUS 属于单元级、现场级的 SIMITAC 网络，适用于传输中、小量的数据，既适合于自动化系统与现场 I/O 单元的通信，也可用于直接连接带接口的变送器、执行器、传动装置和其它现场仪表对现场信号进行采集和监控。其开放性可以允许众多的厂商开发各自的符合 PROFIBUS 协议的产品，这些产品可以连接在同一个 PROFIBUS 网络上。PROFIBUS 是一种电气网络，物理传输介质可为屏蔽双绞线、光纤、无线传输。

2) PROFIBUS 总线的分类

PROFIBUS 总线主要由 PROFIBUS-DP、PROFIBUS-PA 和 PROFIBUS-FMS 三部分组成。

(1) PROFIBUS-DP。PROFIBUS-DP 简称 DP，是 Decentralized Periphery(分布式外部设备)的缩写，是 PROFIBUS 中应用最广泛的通信方式。主要用于制造业自动化系统中单元级和现场级通信，它是一种高速低成本通信方式，特别适合 PLC 与现场级分布式 I/O 设备之间的快速循环数据交换。

PROFIBUS-DP 用于连接下列设备：PLC、PC 和 HMI 设备；分布式现场设备，例如 SIMATIC ET200 和变频器等设备。PROFIBUS-DP 的响应速度快，很适合在制造业中使用，传输速率可达 12 Mb/s。

(2) PROFIBUS-PA。PROFIBUS-PA 简称 PA，是 Process Automation(过程自动化)的缩写。

PROFIBUS-PA 用于 PLC 与过程自动化现场传感器和执行器的低速数据传输，特别适合于过程工业使用。PROFIBUS-PA 功能集成在启动执行器、电磁阀和测量变送器等现场设备中。

基于 IEC1158-2 标准，PROFIBUS-PA 确保了本质安全，可以通过屏蔽双绞线电缆进行数据传输和对设备供电，可以用于防爆区域的传感器和执行器与中央控制系统的通信。

使用分段式耦合器，可以将 PROFIBUS-PA 设备集成到 PROFIBUS-DP 网络中。

(3) PROFIBUS-FMS。PROFIBUS-FMS 简称 FMS，是 Field Message Specification(现场总线报文规范)的缩写，用于系统级和车间级不同供应商的自动化系统之间交换过程数据，可处理单元级(PLC 和 PC)的多主站数据通信。

3) PROFIBUS 设备分类

PROFIBUS-DP 系统设备分为 3 类。

(1) 1 类 DP 主站(DPM1)。1 类 DP 主站是系统的中央控制器，在预定的周期内循环地与 DP 从站交换数据，并对总线通信进行控制与管理。典型的设备有集成了 DP 接口的 PLC、计算机(PC)、ET200S 和 ET200X 的主站模块等。DPM1 有主动的总线存取权，它可以在固定的时间读取现场设备输入的测量数据并向执行机构写入设定值。这种周而复始的循环是自动化功能的基础。

(2) 2 类 DP 主站(DPM2)。DPM2 设备是工程设计、组态或操作设备，如上位机、操作员面板/触摸屏(OP/TP)。DPM2 设备在 DP 系统初始化时生成系统配置，在系统投运期间执行，主要用于系统维护和诊断、组态设备以及监控设备等。DPM2 也有主动的总线存取权。

(3) 从站。从站是外围设备，如分布式 I/O 设备、驱动器、HMI、阀门、变送器、分析装置等。这些设备可读取过程信息或执行主站的输出命令，只能被动地与组态该设备的 DP 设备交换数据。

DP 系统使用以下两类不同的 DP 从站。

① 智能从站(I 从站)。在 PROFIBUS-DP 网络中，智能 DP 从站使用具有程序存储和执行功能的 PLC(例如 CPU315-2、CPU316-2、CPU317-2、CPU318-2、CPU 319-3 等) 或者包含 CP342-5 通信处理器的 S7-300 PLC。智能从站与主站进行数据通信使用的是用于通信的数据共享区。

② 标准从站。标准从站不具有 CPU，没有程序存储区，包括各种分布式 I/O 模块，如 ET200B、ET200M 等。

主站之间通信方式为令牌，主从站之间为主从方式或混合方式。

2. PROFIBUS 总线的拓扑结构

1) PROFIBUS 电气接口网络

PROFIBUS 总线协议如表 2-4 所示，可以使用的传输模式如表 2-5 所示。

表 2-4　PROFIBUS 协议结构

	PROFIBUS-DP	PROFIBUS-FMS	PROFIBUS-PA
用户层	PNO(PROFIBUS User Organization PRO FIBUS 用户组织)制定的 DP 设备行规	PNO 制定的 FMS 设备	PNO 制定的 PA 设备行规
	基本功能 扩展功能		基本功能 扩展功能

续表

	DP 用户接口 直接数据链路 映像程序(DDLM)	应用层接口(ALI)	DP 用户接口 直接数据链路 映像程序(DDLM)
第 7 层(应用层)		应用层 现场报文规范(FMS)	
第 3 层至第 6 层	未实现		
第 2 层(链路层)	数据链路层 现场总线数据链路(FDL)	数据链路层 现场总线数据链路(FDL)	IEC 接口
第 1 层(物理层)	物理层(RS-485/光纤电缆)	物理层(RS-485/光纤电缆)	IEC 1158-2

表 2-5　PROFIBUS 中的传输模式

程序	MBP	RS-485	RS-485-iS	光纤
数据传输	同步	电压差分信号	电压差分信号	光纤
传输速率	固定 32.125 kb/s	9.6 kb/s 到 12 Mb/s	9.6 kb/s 到 1.5 Mb/s	9.6 kb/s 到 12 Mb/s
电缆	2 线制屏蔽双绞线电缆(铜缆)	2 线制屏蔽双绞线电缆(铜缆)	4 线制屏蔽双绞线电缆(铜缆)	玻璃纤维，塑料，PDF
拓扑	总线型，树型	总线型，树型	总线型	星型，环型，总线型
本质安全	EEx ia/ib		EEx ia/ib	

　　MBP(曼彻斯编码和总线供电)特别适用于过程工业，因为总线供电通过 2 线制技术执行。本质安全还允许处于危险区 1 和 0 区中。

　　通过 RS 485-iS，还可以在过程工业中实现高数据传输速率。数据和电能通过 4 线制电缆进行传输。允许在危险区 1 使用本质安全。

　　(1) RS-485 中继器功能。RS-485 中继器面板结构及接口说明如图 2-2 所示。RS-485 中继器有两个网段，A1/B1 和 A1'/B1'是网段 1 的一个 PROFIBUS 接口端子，A2/B2 和 A2′/B2′ 是网段 2 的一个 PROFIBUS 接口端子。PG/OP 接口属于网段 1。信号再生是在网段 1 和网段 2 之间实现的，同一网段内信号不能再生。两个网段之间是物理隔离的，因而 RS-485 中继器既可以扩展网段，还可以进行网络隔离。

　　一个 PROFIBUS 网段最多可以有 32 个站点，在一条 PROFIBUS 总线上最多可以安装 9 个 RS-485 中继器。

　　如果需要扩展总线的长度或者 PROFIBUS 从站数大于 32 个时，就要加入 RS-485 中继器。例如，一条 PROFIBUS 总线上有 75 个站点，那么就需要两个 RS-485 中继器将网络分成 3 个网段；在传输速率要求达到 1.5 Mb/s 情况下，最大的长度为 200 m，若要扩展到 500 m，就要加入两个 RS-485 中继器，可以同时满足长度和传输速率的要求，拓扑结构如图 2-3 所示。

　　RS-485 中继器是一个有源的网络元件，本身也要占据一个站点。除了以上两个功能，RS-485 中继器还可以实现网段之间的电气隔离。

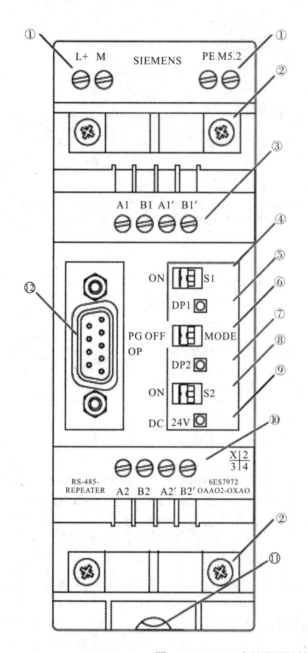

①—RS-485 中继器的电源端子。其中"M5.2"是信号线"A、B"的"信号地";②—网段 1 和网段 2 电缆的卡紧和屏蔽层接地;③—网段 1 的信号线端子;④—网段 1 的终端电阻设置;⑤—网段 1 的 LED;⑥—网络开关,用于接通和断开网段 1、2;⑦—网段 2 的 LED;⑧—网段 2 的终端电阻设置;⑨—24V 电源指示灯 LED;⑩—网段 2 的信号线端子;⑪—用于中继器固定的卡口;⑫—用于 PG/OP 连接到网段 1 的接口

图 2-2　RS-485 中继器面板结构及接口说明

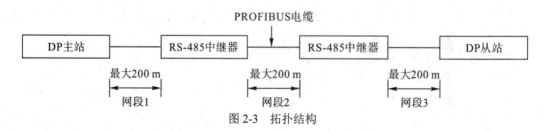

图 2-3　拓扑结构

(2) 利用 RS-485 中继器的网络拓扑。RS-485 中继器可以实现 PROFIBUS 总线结构，RS-485 中继器常用的两种拓扑结构分别如图 2-4 和图 2-5 所示。如图 2-4 所示，中继器作为网段 2 的一个中间设备进行总线拓展，网段 2 的扩展距离为网段 2 的左、右两个终端站点之间的距离。

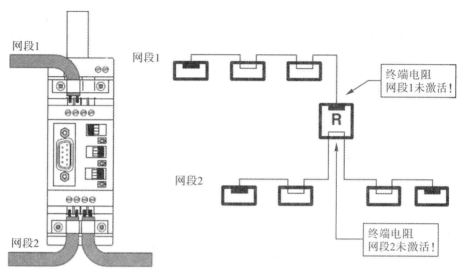

图 2-4　RS-485 中继器常用拓扑结构 1(中继器一端终止一端直通)

如图 2-5 所示，中继器分别作为两个网段中间设备进行总线拓展。

每一个 PROFIBUS 总线两端都带有终端电阻，终端电阻放置在 PROFIBUS 总线的内端，可消除通信网络中信号的发射，否则易使该网络瘫痪。为避免因两端站点掉电(例如站点检修等)使终端电阻失效，可以采用以下两种有源的总线终端电阻。

① 由于 RS-485 中继器有独立的电源，因此可以作为一个有源的总线终端，但是价位高。

② 利用专用的有源总线终端 Active Bus Terminal。Active Bus Terminal 是一个有源的网络元件，在一个网段里本身也是一个站点，仅作为总线终端使用，无中继功能。

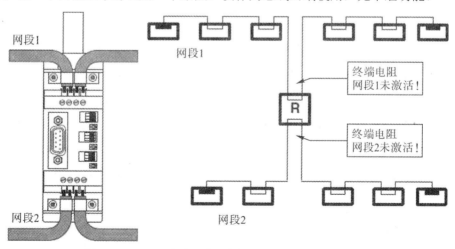

图 2-5　RS-485 中继器常用拓扑结构 2(中继器两端直通)

2) PROFIBUS 光纤接口网络

光纤网络不仅具有长距离数据传输并且可保持较高的传输速率的优点，而且在强电磁干扰的环境中，由于光纤网络良好的传输特性，还可以屏蔽干扰信号对整个网络的影响。

西门子PLC可以通过两种方式实现光纤网络通信，即①利用集成于模块上的光纤接口；②利用 OLM 扩展 PROFIBUS 电气接口。

(1) 利用集成于模块上的 PROFIBUS 光纤接口组成的光纤网络。集成光纤接口的主要是一些应用 PROFIBUS-DP 协议的模块，连接的光纤为塑料光纤和 PCF 光纤。塑料光纤连接方便，用砂纸打磨即可使用，如图 2-6 所示，两个站点的最大距离为 50 m。

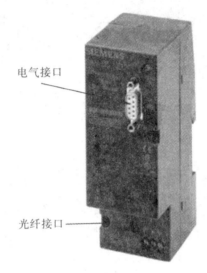

电气接口

光纤接口

图 2-6　集成光纤接口

PCF 光纤配有接头，包括 50 m、70 m、100 m、150 m、200 m、250 m、300 m 共 7 挡长度，两个站点的最大距离为 300 m，传输速率最大为 12 Mb/s。

没有光纤接头的 PROFIBUS 站点设备可以通过 OBT (Optical Bus Terminal)将其电气接口设备连接到光纤网络上。OBT 是一个有源的网络元件，在网段里也是一个站点。连接拓扑结构如图 2-7 所示。

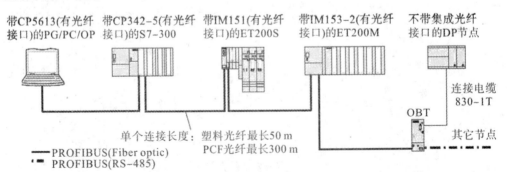

带CP5613(有光纤　带CP342-5(有光纤　带IM151(有光纤　带IM153-2(有光纤　　不带集成光纤
接口)的PG/PC/OP　接口)的S7-300　接口)的ET200S　接口)的ET200M　　接口的DP节点

连接电缆
830-1T

OBT

其它节点

单个连接长度：塑料光纤最长50 m
PCF光纤最长300 m

—— PROFIBUS(Fiber optic)
- - - PROFIBUS(RS-485)

图 2-7　连接拓扑结构

(2) 利用 OLM 组成的 PROFIBUS 光纤网络。OLM(Optical Link Module)是 PROFIBUS 光纤网络应用最多且最为常见的模块，它将电信号转换为光信号，然后再组成光纤网络，整个网络最大传输速率为 12 Mb/s。OLM 模块按连接的介质不同，可分为以下三种：OLM/P11、OLM/P12 连接塑料光纤和 PCF 光纤；OLM/G11、OLM/G12 连接多模玻璃光纤，发送波长为 860 nm；G12 表示一个 RS-485 电气接口和两个光纤接口，可以扩展并用于总线上任何地点。OLM 是一个有源的网络元件，在网络里是一个站点。各种 OLM 模块外形一样，如图 2-8 所示。

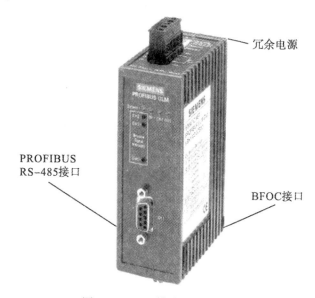

图 2-8　OLM 模块外形及接口

两个 OLM 之间的距离与使用 OLM 类型和不同光纤的关系见表 2-6。

表 2-6　OLM 之间的距离与使用 OLM 类型和不同光纤的关系

光纤类型 OLM 类型	塑料光纤 980/1000 μm	PCF 光纤 200/300 μm	玻璃光纤 62.5/125 μm	玻璃光纤 50/125 μm	玻璃光纤 10/125 μm
OLM/P	80 m	400 m	—	—	—
OLM/G	—	—	3 km	3 km	—
OLM/G-300	—	—	10 km	10 km	15 km

利用 OLM 进行网络拓扑可分为：总线结构、星形结构、冗余环 3 种方式。

总线拓扑结构如图 2-9 所示。CH1 为 PROFIBUS 电气接口，可以连接一个网段的 32 个 PROFIBUS 站点，CH2、CH3 为光纤接口。在光纤网络中，OLM 的型号和光纤类型不能混用，例如 OLM/G 与 OLM/G-1300 都可以使用玻璃光纤(62.5/125 μm)，但是由于发送的波长不同，不能同时在一条光纤总线上使用。

不同的光纤网络间可以利用 RS-485 PROFIBUS 电气接口相互连接，再连接到不同的光纤网络，这种结构成为星型拓扑结构，如图 2-10 所示。

对于 PROFIBUS 的光纤总线网络，如果 OLM 损害或光纤断开，整个网络不能工作。为了提供网络的可靠性，可以使用冗余环网拓扑结构。

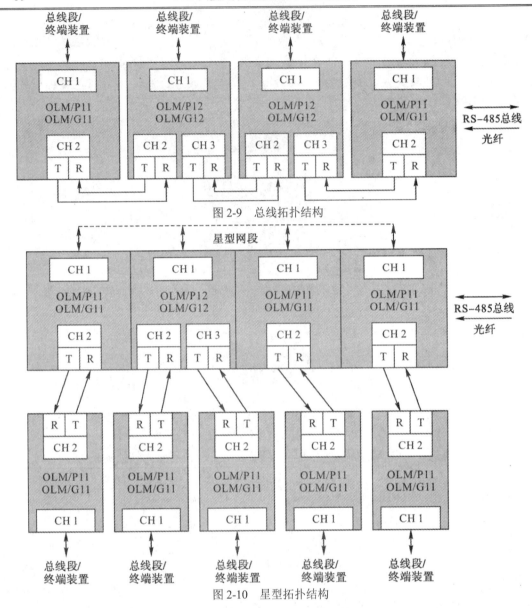

图 2-9　总线拓扑结构

图 2-10　星型拓扑结构

2.3　PROFIBUS-DP 网络通信组态

　　PROFIBUS 网络通信组态可以通过 STEP 7 编程实现。本节以主站与智能从站的通信组态为例进行介绍。

　　智能 DP 从站内部的 I/O 地址独立于主站和其他从站。主站和智能从站之间通过组态时设置的输入/输出区来交换数据。它们之间的数据交换由 PLC 的操作系统周期性自动完成，无须编程，但需对主站和智能从站之间的通信连接和地址区组态。这种通信方式称为主/从 (Master/Slave) 通信，简称 MS 通信。

　　MS 通信方式包括打包通信和不打包通信。不打包通信可直接利用传送指令实现数据的读/写，每次最大只能读/写 4 个字节 (双字)。打包通信一次可以传送更多的数据，在数据传输过程中需要 SFC15(打包发送)和 SFC14(打包接收)。

1. 通信任务及资源分配

使用 CPU315-2PN/DP 分别作为主站和从站实现不打包数据通信。通信任务如图 2-11 所示。主站将内存 MW2 中的数据传送给输出缓冲区 QW18，由通信网络将 QW18 的数据传送给从站的输入缓冲区 IW14；另外将接收缓冲区 IW14 中的数据读取存入 MW8。

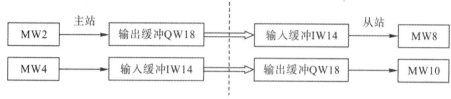

图 2-11 通信任务

从站将内存 MW10 内的数据传送给输出缓冲区 QW18，由通信网络将 QW18 的数据传送给主站的输入缓冲器 IW14；另外将接收缓冲区 IW14 中的数据读取并存入 MW4 内。

根据项目需要进行软件资源的分配，见表 2-7。

表 2-7 软件资源分配功能

站 点	资源地址	功 能
主站	MW2	发送数据区
	MW4	接收数据区
	IW14	输入映像区
	QW18	输出映像区
从站	MW8	接收数据区
	MW10	发送数据区
	IW14	输入映像区
	QW18	输出映像区

2. 系统组成

DP 主站、从站均可使用 CPU315-2PN/DP，站地址分别为 3 和 2；PC 通过 CP5613 接入网络，作为编程和调试设备。各站之间通过 PROFIBUS 电缆连接，网络终端插头的终端电阻开关放在"ON"的位置，中间站点插头的终端电阻开关必须放在"OFF"位置。系统组成如图 2-12 所示。

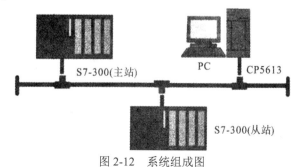

图 2-12 系统组成图

3. 硬件组态

1) 新建项目并插入主从站点

用鼠标双击打开图标 ![icon], 或通过 Windows 的 "开始" → "SIMATIC" → "SIMATIC Manager" 菜单命令启动 SIMATIC 管理器。

新建项目 "MS_UNPACK", 单击右键, 选择 "Insert New Object" 中的 "SIMATIC 300 Station", 插入两个 S7-300 站点, 分别命名为 "SIMATIC 300(M)" 和 "SIMAT 300(S)", 即主站和分站, 如图 2-13 所示。

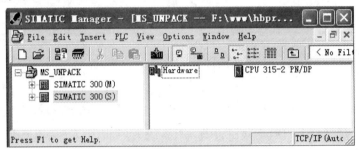

图 2-13　插入站点

2) 配置从站

选中 "SIMATIC 300(S)", 双击 "Hardware" 选项, 进入 "HW Config" 窗口。单击 "Catalog" 图标 打开硬件目录, 按硬件安装次序和订货号依次插入机架、电源、CPU 等进行硬件组态, 如图 2-14 所示。

S..	Module	O..	F..	M..	I..	Q..	Comment
1	PS 307 5A	6ES7					
2	CPU 315-2 PN/DP	6ES7	V2.3	2			
X1	MPI/DP				2047		
X2	PN-IO				2046		
3							
4	DI16xDC24V	6ES7			0...1		
5	DI16xDC24V	6ES7			4...5		
6	DI32xDC24V	6ES7			8...1		
7	DO32xDC24V/0.5A	6ES7				12...	
8							
9							
10							
11							

图 2-14　配置从站

3) 配置从站 PROFIBUS-DP 网络

双击 "MPI/DP", 打开 "Properties-MPI/DP" 窗口, 如图 2-15 所示。在 "General" 选项卡中, 选择接口类型为 "PROFIBUS"。单击 "Properties" 按钮, 打开 "Properties-PROFIBUS interface" 对话框, 设置该 CPU 在 DP 网络中的地址为 "2"。

单击 "New" 按钮, 新建 PROFIBUS 网络, 设置 PROFIBUS 网络的参数。一般采用系统默认参数, 即: 传输速率为 "1.5 Mbps", 配置文件为 "DP", 如图 2-16 所示。单击 "OK" 按钮, 返回 "Properties-PROFIBUS interface" 窗口。此时可以看到 "Subnet" 子网列表中出现了新的 PROFIBUS(1)子网。

单击 "OK" 按钮, 返回 "Properties-MPI/DP" 窗口, 在 "Operating Mode" 工作模式选项卡中, 设置工作模式为 "DP slave" DP 从站模式, 如图 2-17 所示。单击 "OK" 按钮, 完成 DP 从站的配置。单击 "Save and Compile" 按钮, 保存并编译组态信息。

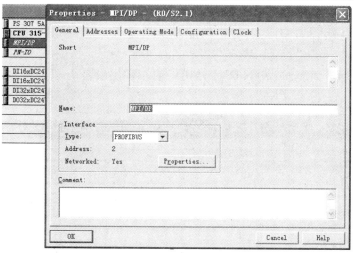

图 2-15　"Properties-MPI/DP"窗口

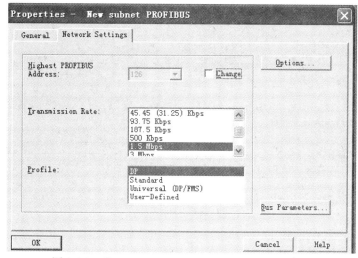

图 2-16　"Properties-New subnet PROFIBUS"窗口

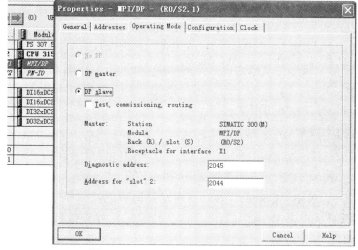

图 2-17　"Operating Mode"选项卡

4) 配置主站

选中 "SIMATIC 300(M)",双击 "Hardware" 选项,进入 "HW Config" 窗口。单击 "Catalog" 图标打开硬件目录,展开 "SIMATIC 300" 目录,按硬件槽号和订货号依次插入机架、电源(1 号槽)、CPU 315-2PN/DP(2 号槽)、输入/输出模块(4～7 号槽),如图 2-18 所示。

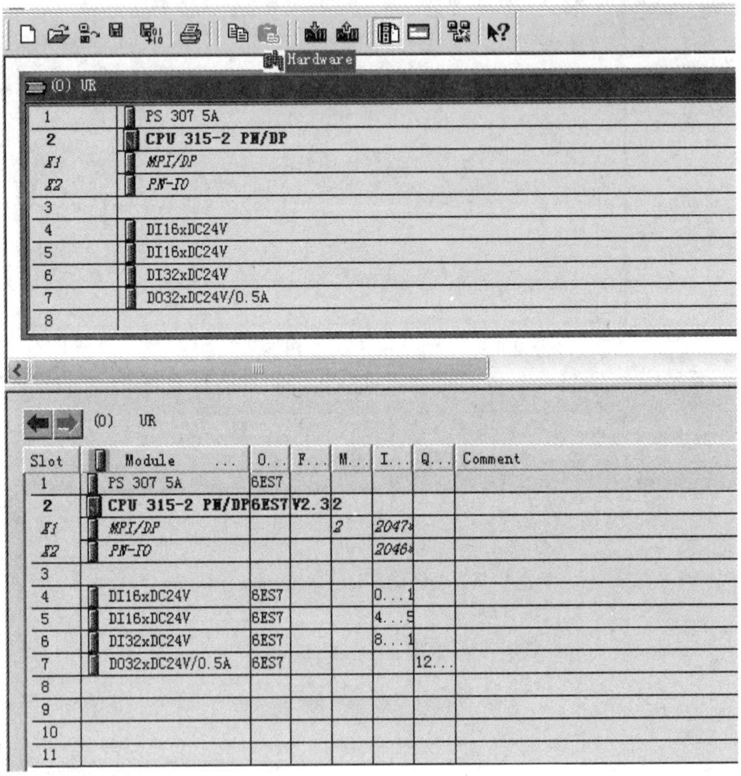

图 2-18　主站组态

5) 配置主站 PROFIBUS-DP 网络

双击 "MPI/DP",打开 "Properties-MPI/DP" 属性对话框。在 "General" 选项卡中,选择接口类型为 "PROFIBUS"。单击 "Properties" 按钮,打开 "Properties-PROFIBUS interface" 对话框,设置该 CPU 在 DP 网络中的地址为 "3"。

选择 "Subnet" 子网列表中的 PROFIBUS(1) 子网,单击 "OK" 按钮,返回 "Properties-MPI/DP" 属性对话框,在 "Operating Mode" 工作模式选项卡中,设置工作模式为 "DP master" DP 主站模式。单击 "OK" 按钮,返回 "HW Config"。此时 "MPI/DP" 插槽引出了一条 PROFIBUS(1)网络。

6) 将 DP 从站连接到 DP 主站

选中 PROFIBUS(1)网络线,在如图 2-19 所示的硬件目录中双击 "CPU31x",自动打开 "DP slave properties" DP 从站属性对话框。在 "Couple" 连接选项卡中,选中 "CPU 315-2PN/DP",单击 "Couple" 按钮,DP 从站即可连接到 DP 网络中,此时 "Uncouple" 按钮由灰色变为黑色。单击 "OK" 按钮,可以看到 DP 从站连接到了 PROFIBUS(1)网络线上,如图 2-20 所示。

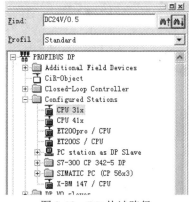

图 2-19 DP 从站路径

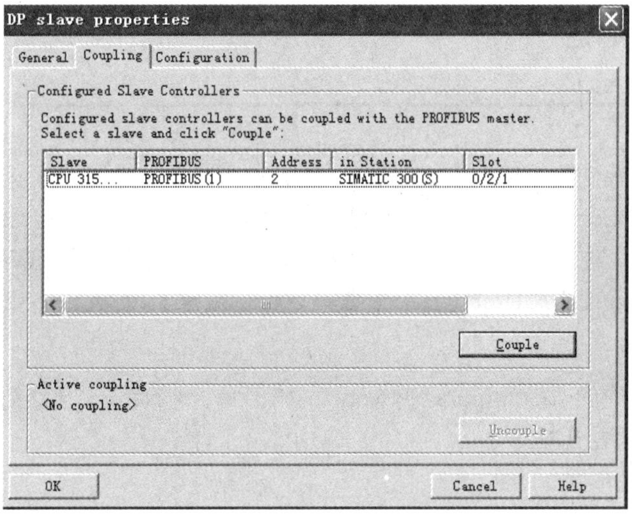

图 2-20 将从站连接到网络

7) 通信组态

双击图 2-21 中的 DP 从站，打开"DP slave properties"属性对话框，选择"Configura-tion"组态选项卡，单击"New"按钮，出现"DP slave properties-Configuration-Row 1"从站属性组态行 1 对话框，分别完成行 1、行 2 配置。配置完成窗口如图 2-22 所示。单击"Edit"按钮，可以编辑所选中的行。单击"Delete"按钮可以删除所选中的行。

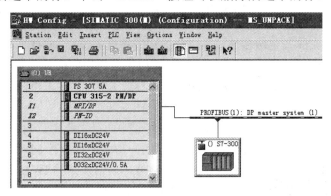

图 2-21 DP 从站连接入网络

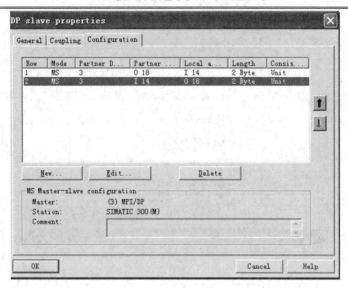

图 2-22　通信组态

行 1 表示通信模式为"MS"主从通信，通信伙伴(主站)通过 QW18 把数据传送给本地(从站)的 IW14，"Consistency"一致性为"Unit"表示数据不打包；行 2 表示通信模式为"MS"主从通信，通信伙伴(主站)用 IW14 接收本地(从站)通过 QW18 发送的数据，"Consistency"一致性为"Unit"表示数据不打包。数据长度最大为 32 字节。

4. 网络组态

单击快捷菜单中的"Configure Network"按钮，打开 Netpro 网络组态界面，可以看到如图 2-23 所示的网络组态。

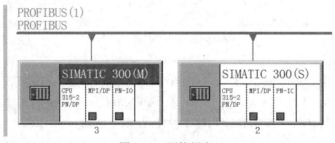

图 2-23　网络组态

5. 程序设计

通过硬件组态完成了主站和从站的接收区和发送区的连接,要使主站与从站对应的 I/O 区进行通信，还需要进一步编程实现。程序结构如图 2-24 所示。

为了避免不存在诊断 OB 和错误处理 OB 而导致 DP 主站的 CPU 转向 STOP 模式，应当在 DP 主站 CPU 中设置 OB82 和 OB86。

1) 主站 OB1

主站 OB1 中的程序如图 2-25 所示,这段程序的功能是将内存 MW2 中的数据传送给输出缓冲区 QW18，由通信网络自动将 QW18 的数据传送给从站的 IW14；另外将接收缓冲区 IW14 中的数据读取进来并存入 MW4，IW14 内存储的是从站发送来的数据。

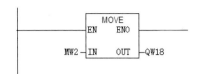

Network 1: Title:

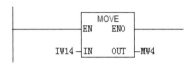

Network 2: Title:

图 2-24　程序结构图　　　　　　　　图 2-25　主站程序

2) 从站 OB1

从站 OB1 中的程序如图 2-26 所示,这段程序的功能是将内存 MW10 内的数据传送给输出缓冲区 QW18,由通信网络自动将 QW18 的数据传送给主站的 IW14;另外将接收缓冲区 IW14 中的数据读取进来并存入 MW10 内。IW14 内存储的是主站发送来的数据。

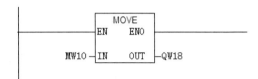

6. 通信调试

将组态和程序下载到 PLC 中,确保 PLC 处于"RUN"模式。分别打开主站和从站的变量表。如果通信成功,改变主站 MW2 的值,可以看到从站 MW8 的值也会发生变化,始终

Network 2: Title:

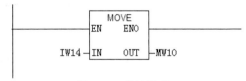

图 2-26　从站程序

与主站的 MW2 保持一致;改变从站 MW10 的值,可以看到主站 MW4 的值也会发生变化,始终与从站的 MW10 保持一致。

如果通信不成功,首先检查硬件连接是否正确,总线连接器终端电阻是否打开;然后检查硬件组态中的通信组态是否正确,是否与程序中所用到的地址一致;程序块中是否有 OB82、OB86。确保无误,再重新调试,直至通信成功。

习　　题

1. SIMATIC NET 通信网络各有什么特点?

2. PROFIBUS 总线有哪些应用场合?

3. 如何通过 PROFIBUS 网络组态实现两个 CPU413-2DP 之间的双边通信?并绘制相应的网络状态。

第3章　T6216C落地镗床电气控制实例

3.1　概　述

　　T6216C 落地镗床由武汉重型机床厂生产，如图 3-1 所示，其结构图如图 3-2 所示，参数表如表 3-1 所示。落地镗在工厂内都属于关键产品。在重型机械中，大而重的工件移动困难，可采用落地镗床进行加工。落地镗床没有工作台，工件直接固定在地面平板上，除进行镗孔外，还可进行钻孔、提扩孔和铰孔，同时还可铣削平面、车内外环形槽和内外螺纹，因此，又称之为铣镗床。数字测量系统可对机床的水平和垂直坐标进行测量。

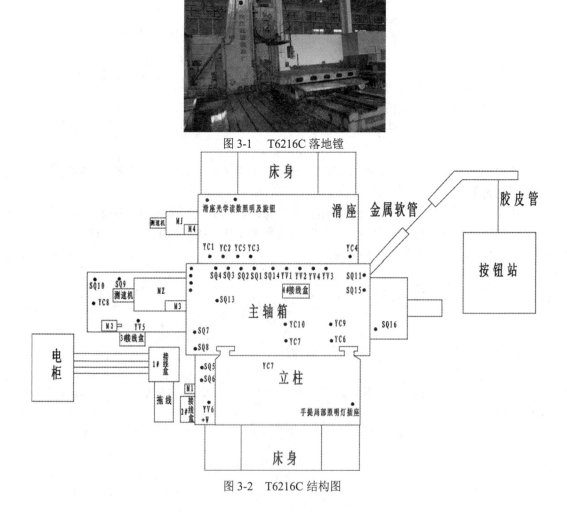

图 3-1　T6216C 落地镗

图 3-2　T6216C 结构图

表 3-1　机床主要参数

参　数	规　格
重量/kg	50 000
主电机功率/kW	22
最大镗孔直径/mm	160
最大钻孔直径/mm	200
主轴转速范围/(r/min)	1.8～500
工作台尺寸/(mm×mm)	2000×4000
控制形式	人工
适用行业	通用
布局形式	立式
安装形式	落地式
适用范围	通用

3.2　机床电气控制介绍

本机床电气控制分为主传动控制、进给控制、交流电机主回路控制、电源控制、PLC 控制、其它控制回路。

主传动为四级机械挡变速系统加直流调速系统，进给为二级机械挡加直流调速系统。直流调速系统均采用数字化直流调速系统欧陆 590，调速范围宽、静差率小、稳定性高，其外形如图 3-3 所示。控制采用欧姆龙 CP1E 系列可编程控制器。

图 3-3　590 直流调速装置

本节先对 590 及 PLC 进行介绍。

3.2.1　590 功能及参数设置

1. 590 功能

主轴和进给控制都采用英国欧陆全数字化的可控硅直流调速装置,系统结构如图 3-4 所示。

图 3-4   系统结构框图

L1、L2、L3 为直流调速装置主回路进线。D7、D8 是控制电源接线端，用于控制电源变压器以及接触器控制继电器电源和冷却风扇电源(采用强制通风时)。C9 是+24 V 电源，可以调节，可用于激发数字输入、程序停机和惯性滑行停机。C3 为启动/运行输入端。C4 为点动输入端，点动输入端保持在+24 V 时，只要输入端 C3 为低态，传动便微动，去掉时传动便按微动斜坡速率，斜坡降低至零。C5 为允许输入端，如果此端子不为真，所有控制回路被禁止，控制器不起作用。B8 为程序停机，可控制停机输入。A+、A−为直流电机的电枢端，这两个端子直接接到直流电机的电枢端。D3、D4 为励磁输出端，连接直流电机的励磁端。G3、G4 为测速机电源，连接直流电机后面的测速机上。A1 为零伏基准。A7 为模拟输出 NO.1，属于速度反馈输出端，接吊挂面板上的转速表。A9 为电流表输出，反映直流电机的电枢电流，接电柜门上的直流电柜电枢电流表。A4 为模拟输入 NO.3，是斜坡速度设定值。A6 为模拟输入 NO.5，起主电流极限或辅助电流限幅作用，通常与 B3 接到一起。B3 是+10 V 基准。B4 为−10 V 基准。B1 为零伏基准。B6 为数字输出 NO.2，传动正常时为+24 V，当直流调速器正常时，这个正常信号输入到 PLC，才能启动油泵并使控制器上电。

590 集电源、控制、驱动电路于一体，采用立体结构布局，控制电路采用微功耗元件，用光电耦合器实现电流、电压的隔离变换，电路的比例常数、积分常数和微分常数用 PID 适配器调整。该调速器体积小、重量轻、方便安装，具有调速器所应有的一切功能。

2. 控制参数设置

控制器参数设置菜单如图 3-5 所示。

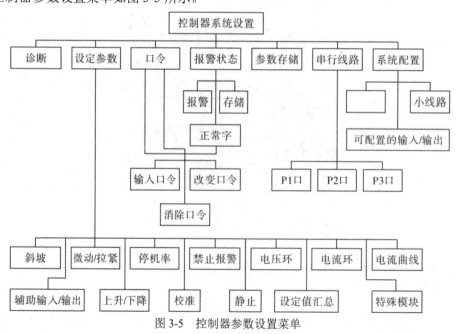

图 3-5   控制器参数设置菜单

电流环可根据实际情况设置如下参数：电流限幅值、主电流极限、比例增益、积分增益、自动调谐、正向电流箝位、负向电流箝位。

电压环可根据实际情况设置如下参数：比例增益、积分时间常数、积分禁止、反馈选择、斜坡电流增益、零电流电平。

3. 控制器操作

控制器面板上有四个功能键。"M"为菜单选择键，提供菜单和功能的入口，使用时不会改变存储的参数；"E"为返回键，允许选择前面的菜单，使用时不会改变已存储的参数；"↑"为上升键，允许菜单向前移动，以寻找所选菜单中可以利用的任选项；"↓"为下降键，允许菜单向后移动，以寻找所选菜单中可以利用的任选项。

4. 接电前的检查工作

控制器接电前应做好如下检查工作：辅助电源电压必须正确；主电源电压必须正确；输出电压和输出电流的额定值与负载相符；所有的外接线，即电源接线、控制接线、电动机接线必须正确。

5. 接通辅助电源 D7 和 D8

接通辅助电源 D7 和 D8 之后，用数字电压表测量：C9 为 +24 V；B3 为 +10 V；B4 为 -10 V。按下"M"键进入"MENU LEVEL"；操作"上升"或"下降"键进入"SETUP PARAMETERS"；再按"M"键便可进入设定参数菜单，操作"上升"或"下降"键，可以寻找不同的子菜单。进入相应的子菜单，即可根据需要设置要求的参数。

6. 参数存放

参数修改后必须保存，以免丢失。按下"M"键进入"PARAMETERS SAVE"；再按下"M"键，显示屏上显示"Up to Action"。按"上升"键，显示屏上显示"Saving"，表示系统正在存放数据，当显示出现"Finished"时，表示数据存放完成。

7. 数据保护

为了保护设定参数的安全，控制器可用口令加以保护，口令分为输入口令、清除口令、改变口令 3 类。

如果控制器中存入的口令为非零值，则人机接口访问受限制，设定参数只能显示而不能改变。

进入"输入口令"子菜单，输入口令值，即可开放限制。口令的缺省值为零值。

8. 指示和监控

控制器的面板上有 6 个发光二极管作为系统工作指示器，在正常的工作条件下，控制器面板上的所有发光二极管都点亮，而熄灭的二极管则表示发生了相应的故障。

3.2.2　欧姆龙 CP1E 系列 PLC

本节介绍的 590 镗床使用欧姆龙 CP1E-E40DR-A 和扩展 CP1W-40EDR。CP1E 系列是欧姆龙的小型 PLC，取代了原来的 CPM2A CPM1A 系列，属于 E 型基本型 CPU 单元，继电器输出，I/O 控制方式为即时刷新的循环扫描方式，具有高性价比的基本功能及更方便的应用，可通过 CX-Programmer 进行编程、设定及监控，可通过市售 USB 电缆轻松连接至计算机。根据机床实际情况，本节所用镗床选用一个 40 点的 I/O 模块和一个 40 点的 I/O 扩展单元，这两个模块均为继电器输出。

CP1E-E40DR-A 具有 24 点输入 16 点输出，CP1W-40EDR 也为 24 点输入 16 点输出，完全满足了这台镗床的要求。图 3-6 为 CP1E PLC 单元示意图。

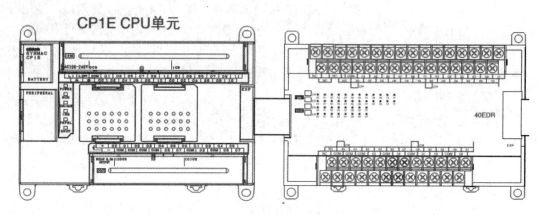

图 3-6　CP1E PLC 单元示意图

CP1E-E40DR-A 中 24 点输入分为两组，一组是 IN 0CH，地址为 0.00～0.11；另一组是 IN 1CH，地址为 1.00～1.11。相应的扩展模块 CP1W-E40DR-A 中 24 点输入也分两组，一组是 IN 2CH，地址为 2.00～2.11；另一组是 IN 3CH，地址为 3.00～3.11。CP1E-E40DR-A 中 16 点输出为 100H 和 101H，地址分别为 100.00～100.07 和 101.00～101.07；CP1W-E40DR-A 中 16 点输出为 102H 和 103H，地址分别为 102.00～102.07 和 103.00～103.07。

PLC 检测各按钮、限位开关、接近开关、调速器的信号，按照程序去控制各接触器及调速器控制电机及电磁阀，并显示运行状态。与直流电机同轴连接的测速发电机产生的电压进入调速器，形成速度负反馈。换相及换速用的限位开关采用无触点接近开关。

3.3　机床电气控制硬件设计

3.3.1　主传动控制的 PLC 控制设计

1. 主传动控制电路

主传动控制电路如图 3-7 所示。主轴由 22 kW、400 V 直流电动机驱动，采用欧陆 590C-110A 全数字化的可控硅直流调速装置。系统由速度环、电流双环调节，并采用无环流电枢可逆方式，所有参数通过键盘和显示单元进行调整或输入。主轴电动机的调速范围为 1/18，最高转速为 1500 r/min，最低转速为 83.3 r/min，由悬挂按钮站上的调速器进行无级调速。

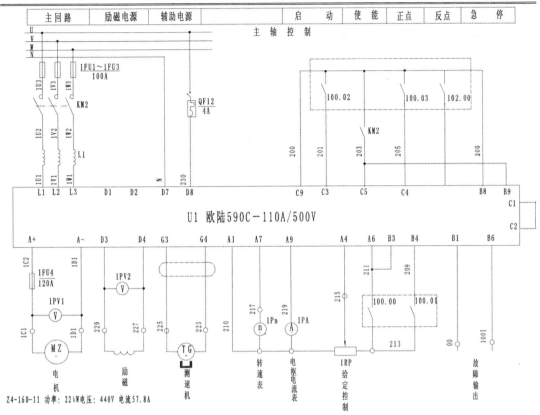

图 3-7　主传动控制电路图

2. 主传动控制的 PLC 外围电路设计

为扩大机床变速范围,主轴有 4 挡液压机械变速,用旋钮 1SA 控制 PLC 输入点,再通过 PLC 输出点控制外部中间继电器 KA4 KA5,通过 KA4 KA5 切换电磁液压阀 YV1、YV2,以变换机械挡位。主轴能正反向点转,点转时电动机的转速为 83 r/min。

主传动 PLC 的 I/O 连接如图 3-8～图 3-11 所示。

3. 主传动的 PLC 控制程序设计

T6216C 主传动控制设计主要实现主电机的正转、反转、正向点动和反向点动、主轴齿轮啮合限位、主轴选择以及转动速度可控调节等动作,PLC 共计输入需 13 点,输出需 6 点,PLC 控制输出接线如图 3-8 所示。

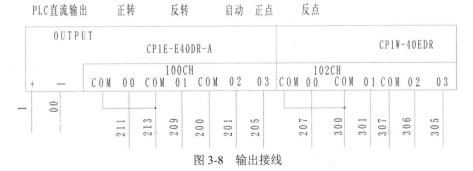

图 3-8　输出接线

图 3-9 为液压机械变速换挡开关示意图。当主轴换挡开关 1SA 打到 I 挡时，转换开关的(1)脚和(2)脚接通，PLC 的 101I 吸合；当 1SA 打到 II 挡时，转换开关的各接点都不通，PLC 输入点不吸合；当 1SA 打到 III 挡时，转换开关的(1)脚与(2)脚接通，(3)脚与(4)脚接通，PLC 的 101I、102I 吸合；当 1SA 打到 IV 挡时，1SA 的(5)脚与(6)脚接通，PLC 的 103I 吸合。

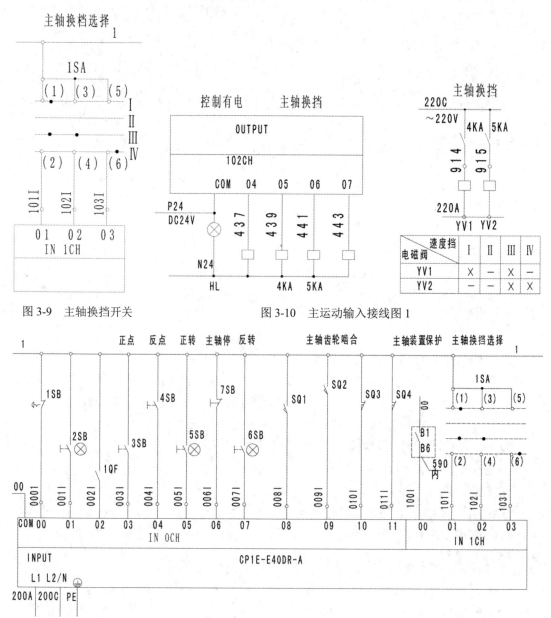

图 3-9　主轴换挡开关

图 3-10　主运动输入接线图 1

图 3-11　主运动输入接线图 2

3.3.2　进给运动的 PLC 控制设计

1. 进给运动主电路

进给运动主电路如图 3-12 所示。T6216C 进给电机型号为 Z4-112/4-2，电机功率为 7.5 kW，

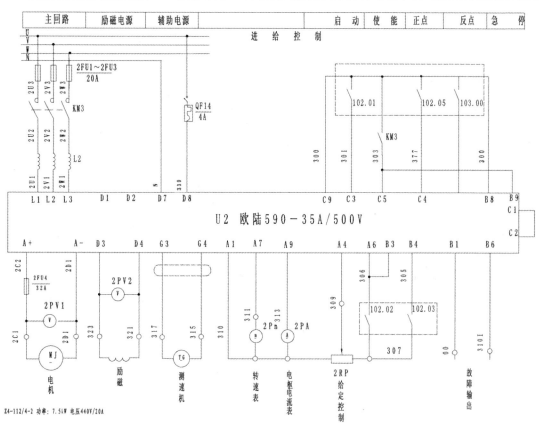

图 3-12　进给运动主回路控制

电流为 20 A，电压为 440 V，进给电机控制采用英国欧陆 590C-35A 全数字化的可控硅直流调速装置。机床镗轴轴向进给、主轴箱进给、滑座进给、径向刀架进给等，共用一个进给电动机来驱动。进给传动装置有 2 挡机械变速。

2. 进给运动控制回路 PLC 控制

进给运动控制回路 PLC 输入接线如图 3-13 所示。各向进给由转换开关 3SA 来选择，进给装置变速由旋钮 4SA 切换电磁阀离合器 YC1、YC2，实现机械变挡的转换，以增大机床变速范围。

图 3-13 中小黑点表示 1 号线与相对应的 PLC 输入点接通，3SA 共 5 挡，中间为空挡。当打到最左边 2 挡时，(1)号线与 PLC105I 接通，此时可调整主轴箱；打到左边 1 挡时，(1)号线与 PLC106I 接通，此时可调整滑座。当打到右边 1 挡时，(1)号线与 PLC107I 接通，此时可以调整径向刀架；当打到右边 2 挡时，(1)号线与 PLC108I 接通，此时可以调整主轴。对于 4SA，当打到左边挡位时，(1)号线与 PLC308I 接通，进给速度为慢速；当打到右边挡位时，(1)号线与 PLC309I 接通，进给速度为快速。

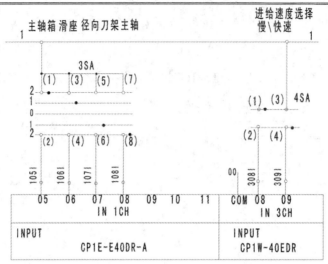

图 3-13　进给运动控制回路 PLC 输入接线

3. 进给传动 PLC 控制外围电路设计

T6216C 进给运动控制设计主要实现进给电机的正转、反转，正向点动、反向点动，进给正向限位、进给反向限位，以及转动速度调节等动作。SQ5、SQ6 为滑座限位开关；SQ7、SQ8 为主轴箱限位开关；SQ9、SQ10 为主轴限位开关；SQ12 为主轴箱夹紧开关，在主轴箱夹紧时动作；6SA 为平旋盘推出转换开关，在平旋盘推出时断开；SQ11 为平旋盘推出联锁开关；SQ13 为平旋盘径向进给联锁开关，当径向进给完全脱开后，才能接通主轴进给；SQ14 为手动和机动联锁开关，手轮脱出时才能机动；SQ15 为平旋盘推杆退回联锁开关，退后到位后，其常开触点闭合，即可开动平旋盘，推出到位后才能开动主轴；SQ16 为预防平旋盘推出时误操作的联锁开关，当平旋盘推出时常开触点断开。

进给运动 PLC I/O 连接如图 3-14、图 3-15、图 3-16 所示。

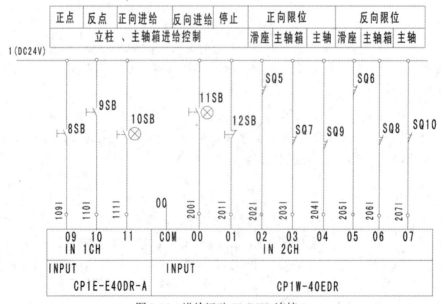

图 3-14　进给运动 PLC I/O 连接 1

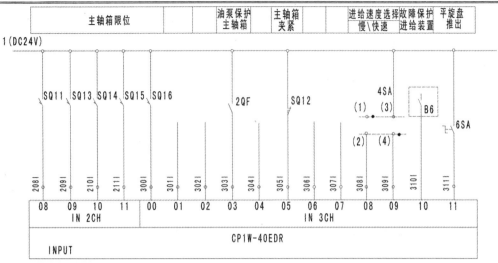

图 3-15　进给运动 PLC I/O 连接 2

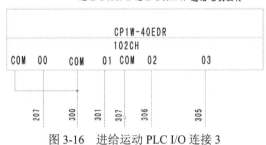

图 3-16　进给运动 PLC I/O 连接 3

3.3.3　其它部分 PLC 输出控制

其它部分 PLC 输出控制如图 3-17 和图 3-18 所示。

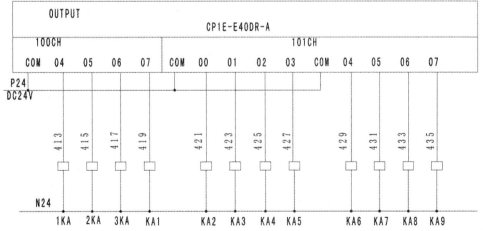

图 3-17　其它部分 PLC 输出控制 1

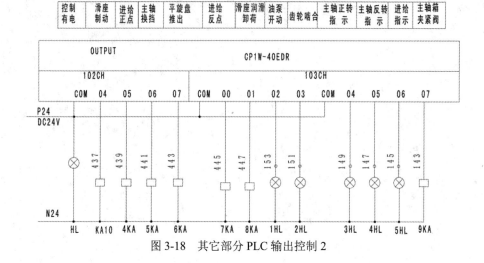

图 3-18　其它部分 PLC 输出控制 2

3.3.4　主回路控制

主回路控制如图 3-19 所示。此镗床电柜由三相 380 V 电源供电。除包括主传动电机和进给电机，还有滑座导轨润滑电机、主轴箱润滑油泵电机、主轴电机风机、进线电机风机。为便于电柜散热，在电柜后门配装有两台电柜风机，风机受控于单极空气开关 QF2；另外，为了维修方便，电柜内配置有照明灯，还配有一个插座用于向手提电脑提供电源，电柜照明和插座受控于单极空气开关 QF1。

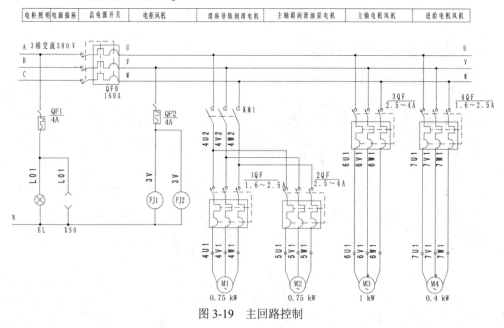

图 3-19　主回路控制

3.3.5　电源控制及其它控制回路

电源控制及其它控制回路如图 3-20、图 3-21 所示。电柜内配有一个 1500 V·A 变压器，为控制回路、数显、移动照明、电磁阀、离合器提供电源；另配有一个 500 V 电源给 PLC 提供电源。为保护变压器，在变压器入线和出线端均配有小型断路器保护。

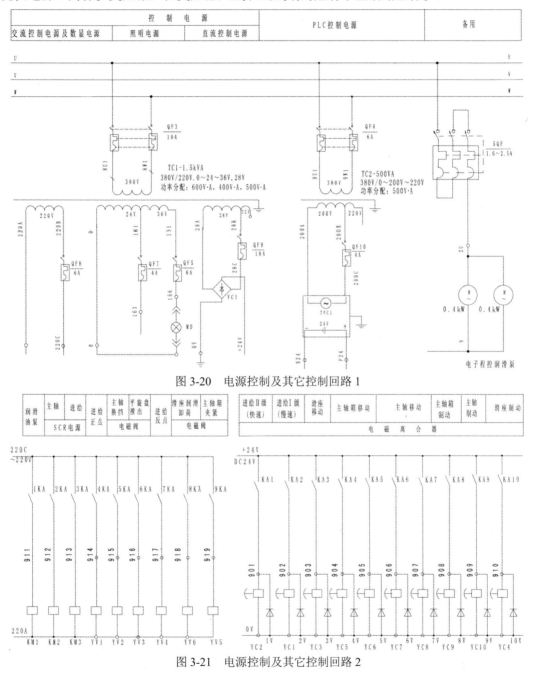

图 3-20　电源控制及其它控制回路 1

图 3-21　电源控制及其它控制回路 2

3.3.6　指示

机床配置控制有电指示灯和齿轮啮合指示灯，这两个指示灯均设在吊挂面板上，其余指示灯都属于带灯按钮上的指示灯，均安装于吊挂面板上。在机床调试时，为了监控主传动电机和进给轴电机的运转情况，两台电机均配置了电机电压表、电机电流表、电机励磁电流表，6 块表均安装于电柜前门上。

3.4　机床 PLC 程序

机床 PLC 程序如图 3-22 所示。

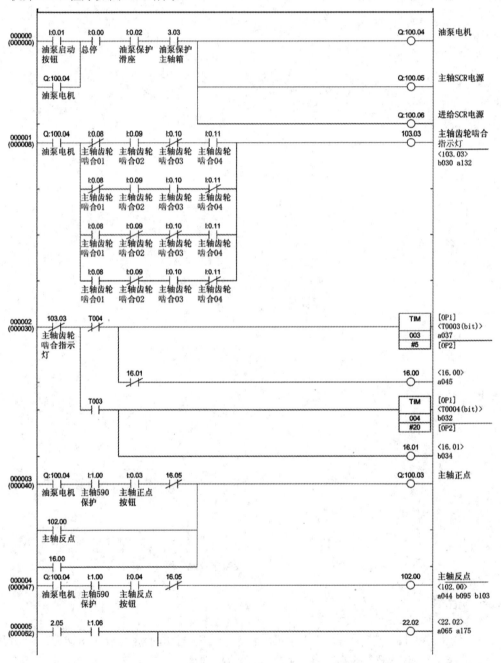

图 3-22　机床 PLC 程序 1

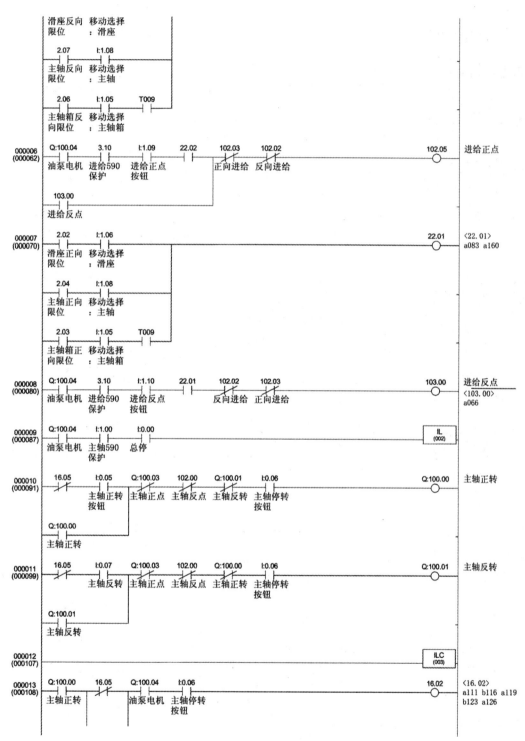

图 3-22　机床 PLC 程序 2

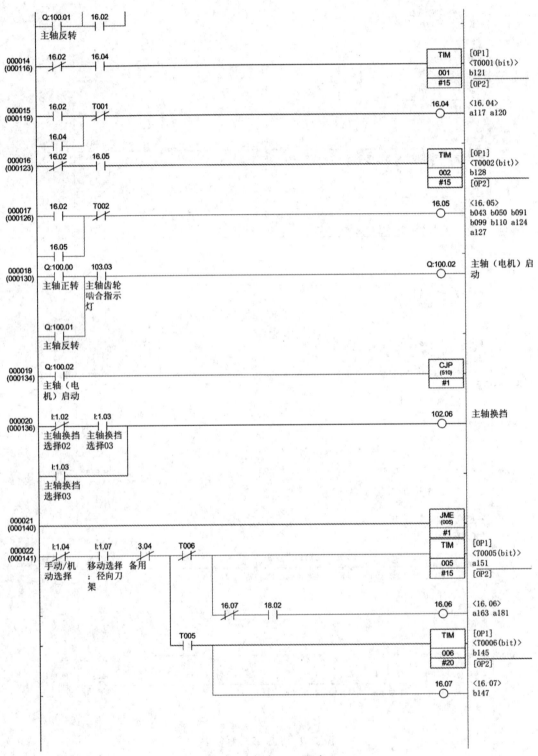

图 3-22　机床 PLC 程序 3

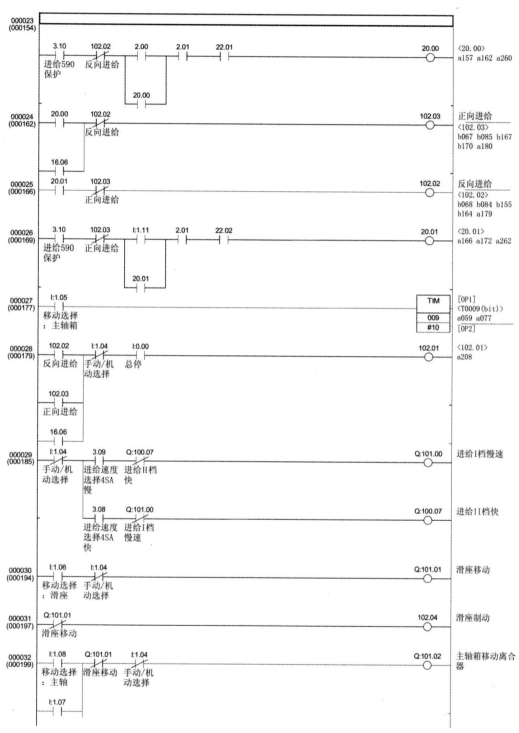

图 3-22   机床 PLC 程序 4

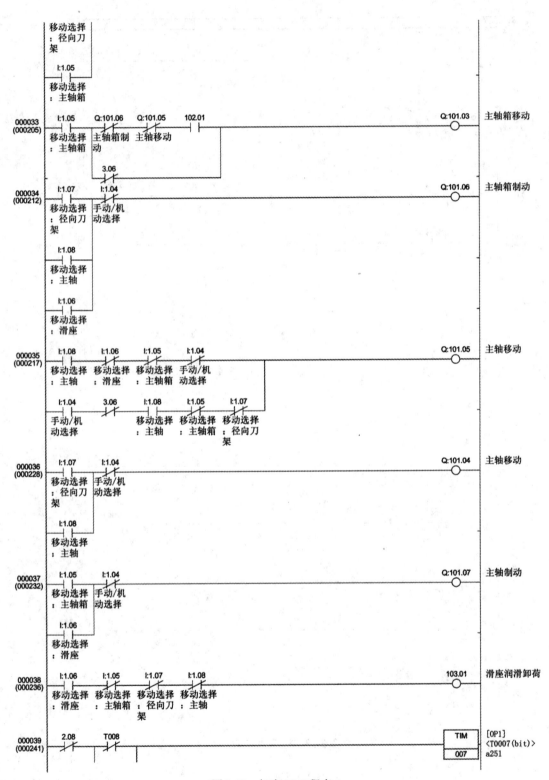

图 3-22　机床 PLC 程序 5

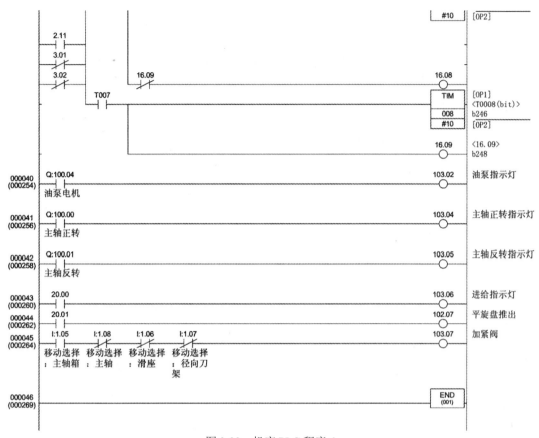

图 3-22　机床 PLC 程序 6

3.5　机床操作与维护

3.5.1　机床主要备件

机床主要备件、参数及数据说明如表 3-2 所示。

表 3-2　机床主要备件、参数及数据说明

名　称	主　要　数　据	备注
主轴调速装置	590C–110A/400V	1 台
进给调速装置	590C–35A/400V	1 台
主轴电机	Z4-160-11 22 kW 440 V 57.8 A 0～1 500 r/min	1 台
进给电机	Z4-112/4-2 7.5 kW 400 V 20 A 0～1 500 r/min	1 台
欧姆龙 PLC	CP1E–CP1E–E40DR–A	1 块
欧姆龙 PLC	CP1W–40EDR	1 块
永磁测速机	ZYS-3A 110V 2000 r/min	1 台

3.5.2 面板布置

机床的动作控制都集中在面板上，面板装于机床吊挂箱上，其分布如图 3-23 所示。

3.5.3 电柜内器件布置

电柜内器件分布如图 3-24 所示。

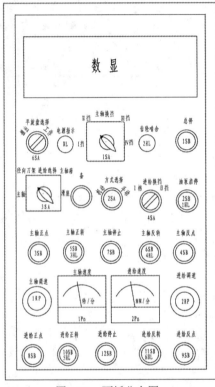

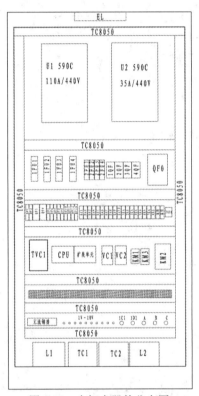

图 3-23　面板分布图　　　　　　　图 3-24　电柜内器件分布图

电柜内板条分两块安装，上板条后沉，与下板条错层安装；上板条上安装两台 590，下板条上安装低压器件；电抗器及变压器装于电柜后的底部槽钢上。为方便接线，直流电源 TVC1 装于电柜侧面的横断面上。590 后沉安装是因为其较厚，避免与门上显示电压表、电流表发生干涉。电抗器变压器并未装于板条上，这是因为考虑到其重量较重且为节约空间。这样布局也方便走线，且使交直流更好地分开，以防干扰。

3.5.4 机床操作说明

1. 机床送电

检查线路无误后合上电柜总电源开关及变压器输入控制断路器，变压器通电，测量变压器输入、输出电压正常后，即可合上变压器输出端电压。在合上单极断路器 QF10 后，电压吊挂箱面板上指示灯 HL"控制有电"指示灯应点亮，表示机床已送电。然后操作油泵送电按钮 2SB，PLC 输出点 100.04、输出继电器 1KA、交流接触器 KM1 吸合，油泵运转，同时 KM2、KM3 吸合，主轴及进给直流调速器得电，若没有得电，则可能电机未启动或装置故障。油泵电机运转，机床得到有效润滑后才能操作机床其它动作。若遇到紧急通知情况应立即启动按钮 1SB，使机床不能开动。当输入有信号时，PLC 输入口 LED 灯会点亮；当输出有信号时，PLC 输出口 LED 灯会点亮，这时系统会驱动负载执行动作。

2. 主轴换挡

SQ1～SQ4 为主轴齿轮啮合开关，主轴挡位共四挡，靠 1SA 转换选择。Ⅰ挡 SQ2、SQ3 动作，Ⅱ挡 SQ2、SQ4 动作，Ⅲ挡 SQ1、SQ3 动作，Ⅳ挡 SQ1、SQ4 动作，每挡动作时，吊挂面板上的齿轮啮合指示灯点亮。主轴换挡在主轴正向点时进行。当 PLC 输出 102.5 吸合时主轴在 1 挡，当 102.5、102.6 均不亮时，主轴在 2 挡，当 102.5、102.6 均亮时在Ⅲ挡，当只有 102.6 亮时，主轴位于Ⅳ挡。换挡程序使用条件跳转指令 CJP/JME，当 CJP(510)的执行条件(Q100.02)为 ON 时，程序执行直接跳转至程序中具有相同跳转号的第一个 JME(005)指令。

3. 主轴运转

油泵运转及 590 没有故障时(B1、B6 信号进入 PLC)，可以进行主轴运转。按主轴正点按钮 3SB 及主轴反点按钮 4SB 主轴将会正向点动和反向点动，松下按钮主轴自动停止；操作正轴正转按钮 5SB 及主轴反转按钮 6SB 主轴将会以不同方向运转并自锁，且按钮上指示灯将会显示，松开按钮主轴将会继续运转，操作 7SB 按钮，主轴将会停止运转。主轴运转程序用到了互锁 IL(002)和互锁清除指令 IL(003)，在油泵电机运转、主轴 590 保护点不吸合及没有操作主轴急停的情况下，IL002 吸合，互锁起作用。主轴啮合指示灯亮时主轴电机才能运转。

4. 进给

进给分点动和运转两种情况。先介绍滑座进给。首先把转换开关 3SA 拨到滑座位置，PLC 输入点 1.06 亮，再者要压上滑座的反向限位开关 SQ6，PLC 输入点 2.05 亮，此时 PLC 内部中间继电器 M22.02 吸合，操作进给正点按钮 8SB，PLC 输入点 1.09 亮，PLC 输出点 102.05 亮，进给电机正向运转，松开按钮，运转停止；操作进给反向点动挖掘 9SB，PLC 输入点 1.10 亮，PLC 输出点 102.05、103.00 均亮，进给电机反向运转，松开按钮，运转停止。如果想使滑座连续进给，则应打开滑座正向限位开关 SQ5，此时 PLC 内部中间继电器 22.01 吸合，为滑座进给做准备。按下按钮 11SB，则 PLC 内部继电器 20.00 吸合并身锁，使得正向进给接触器吸合并身锁，滑座正向进给，按钮上正向进给指示灯亮，松开按钮，电机继续运转，按停止按钮 12SB，运转停止；反之，反向进给。正向进给时，平旋盘推出。同样地，把转换开关 3SA 拨到主轴和主轴箱位置，则可以调整主轴和主轴箱的进给。

5. 进给换挡速度

进给换挡速度有Ⅰ挡(慢速)和Ⅱ挡(快速)之分，分别由电磁离合器 YC1、YC2 控制。在机动/手动选择开关 2SA 在手动位置，通过变换旋钮 4SA 位置可以改变进给换挡的速度。

6. 电磁离合器

机床共有 10 个电磁离合器，除 YC1、YC2 外，还有 YC3～YC10。电磁离合器动作如

表 3-3 所示。

表 3-3　电磁离合器动作表

转换开关代号	移动选择	机动	手动
3SA	径向刀架	YC4 YC5 YC7 YC9 YV4	YC4 YV4
	主轴	YC4 YC5 YC7 YC8 YC9	YC4 YC8
	主轴箱	YC4 YC5 YC6 YC8 YC10	YC4 YC6YC7 YC5
	滑座	YC3 YC8 YC9 YC10	YC3 YC5 YC7

3.5.5　电气控制柜的日常维护及注意事项

(1) 电柜在送电情况下，若非专业维修人员，则不允许打开电柜门，并且必须先切断总电源开关。

(2) 电柜内外要不定时打扫，保持必要的清洁卫生，注意防尘，防潮，防静电，防干扰，对于机床的各运动部件也应按有关要求定期维护和保养。

(3) 注意检查电柜风机是否正常工作，以确保电柜内电气元器件正常工作。

习　题

1. 简述数字化直流调速系统欧陆 590 的功能。
2. 简述图 3-7 主轴 590 控制电路图的控制功能。
3. 结合图 3-13 叙述进给运动控制回路的工作过程。
4. 简单叙述 T6216C 落地镗床送电步骤。

第4章　C516A立式车床的PLC控制设计

利用 PLC 对机床控制进行技术改造,具有设计简单、控制可靠等优点。本节主要介绍如何应用西门子 S7-200PLC 自动化控制产品,对 C516A 单柱立式车床进行 PLC 技术改造,以使读者对机床的技术改造有一个初步认识。

4.1　技术改造思路

4.1.1　利用PLC对机床控制进行技术改造的基本思路

将机床中原有的"继电器-接触器"控制电路的功能置换为 PLC 梯形图,可有两种思路。一种思路是套用继电器控制电路的结构设计梯形图。采用这种方式时,先进行电气元件的代换,具体代换方法为按钮、传感器等主令设备用输入继电器代替。接触器、电磁阀等执行器件用输出继电器代替。原图中的中间继电器、计数器、定时器则用 PLC 机内的同类功能的编程元件代替。这种方式的问题是转换出来的梯形图大多不符合梯形图的结构原则,还需要进行调整。另一种思路是根据"继电器-接触器"控制电路图上反映出来的电气元件中的控制逻辑要求,重新进行梯形图的设计。这种方法可以利用 PLC 中有许多辅助继电器的特点,将继电器控制电路图中的复杂结构化简为简单结构。

4.1.2　利用PLC对机床控制进行技术改造的常用方法

利用 PLC 对机床控制进行技术改造通常采用移植设计法,主要用于对原有机电设备的"继电器-接触器"控制系统进行改造。根据原有的"继电器-接触器"电路图来设计梯形图显然是一条捷径。这是由于原有的"继电器-接触器"控制系统经过了长期使用和考验,已经被证明能完成系统要求的控制功能,而"继电器-接触器"电路图又与梯形图极为相似,因此即可将"继电器-接触器"电路图直接转化为具有相同功能的 PLC 梯形图程序。这种设计方法没有改变系统的外部特征,除了提高控制系统的可靠性之外,改造前后的系统没有任何区别,操作人员不用改变长期形成的操作习惯。这种设计方法一般不需要改动控制面板及器件,因此可以减少硬件改造的费用和工作量。

"继电器-接触器"电路图是一个纯粹的硬件电路图。将其改为 PLC 控制时,需要用 PLC 的外部接线图和梯形图来等效"继电器-接触器"电路图。此时,可以将 PLC 想象为一个控制箱,其外部接线图描述了这个控制箱的外部接线,梯形图是这个控制箱的内部"线路图",梯形图中的输入位和输出位是这个控制箱与外部世界联系的"接口继电器",这样就可以用分析继电器电路图的方法来分析 PLC 控制系统。在分析梯形图时可以将输入位的触点想象成对应的外部输入器件的触点，将输出位的线圈想象成对应的外部负载线圈。外部负载线圈除了受梯形图的控制外，还受到外部触点的控制。

4.1.3　PLC 外部接线图和梯形图的设计步骤

PLC 外部接线图和梯形图的设计分为以下步骤：

(1) 详尽了解和熟悉被控机床设备的机械结构组成、工作原理、生产工艺过程和机械的动作情况，根据"继电器-接触器"电路图分析和掌握被控机床设备控制系统的工作原理。

(2) 确定 PLC 控制的输入信号和输出负载。对于"继电器-接触器"电路图中的交流接触器和电磁阀等执行机构，如果改用 PLC 的输出位来控制，其线圈位于 PLC 的输出端；按钮、操作开关和形成开关、接近开关等提供 PLC 的数字量输入信号；"继电器-接触器"电路图中的中间继电器、时间继电器、机械或电子计数器等功能由 PLC 内部的存储器位、定时器和计数器来完成，这些设备由 PLC 内部的电子电路构成，与 PLC 的输入位、输出位无关。

(3) 选择 PLC 型号，根据系统所需要的功能和规模选择 CPU 模块、电源模块、数字量输入和输出模块，对硬件进行组态，确定输入/输出模块在机架中的安装位置和起始地址。

(4) 确定 PLC 各数字量输入信号与输出负载对应的输入位和输出位的地址，画出 PLC 的外部接线图，各输入和输出在梯形图中的地址取决于其模块的起始地址和模块中的接线端子号。

(5) 确定与"继电器-接触器"电路图中的中间继电器、时间继电器、机械或电子计数器等对应的梯形图中的存储器、定时器、计数器的地址。

(6) 根据上述的对应关系画出梯形图。

(7) 将编制好的用户 PLC 控制程序通过编程工具下载到所使用的 PLC 中。

(8) 进行 PLC 控制系统的调试。

(9) 编制有关设计和使用文件。

4.2　S7-200 PLC 的系统概述

SIMATIC S7 PLC 主要包括 S7-200 小型 PLC、S7-300 中型 PLC、S7-400 大型 PLC 和新一代的小型 S7-1200 系列。S7 系列具有模块化、无风扇的结构，使之成为由小规模到大规模各种应用的首选产品，提供了完成控制任务既方便又经济的解决方案。

S7-200 PLC 属于 S7-200/300/400/1200 家族中功能最精简、I/O 点数最少、扩展性能最低的 PLC 产品，可以用于输入/输出点数较少的小型机械与设备的单机控制。S7-200 凭借其强大的组网能力，友好易用的编程软件，极高的性价比和不断创新的系列产品，而成为市场上众多小型可编程控制器的领跑者，深受中国用户的喜爱。

4.2.1　S7-200 PLC 的主要特点

S7-200 PLC 具有以下几方面特点：

(1) 采用整体式固定 I/O(CPU221)与基本单元加扩展的结构，PLC 的 CPU、电源、输入/输出安装于一体，结构紧凑，安装简单。

(2) 运算速度快，基本逻辑控制指令仅需 0.22 μs/条，可以实现高速控制。

(3) 编程指令、编程元件丰富，性价比高。

(4) 系列 PLC 均带有固定点数的高速计数输入与高速脉冲输出，输入/输出频率可以达到 20～100 kHz。

(5) 系列 PLC 均带有 RS-485 串行通信接口，可以支持自由口通信(无协议通信)与 PPI(点到点通信)、MPI(多点通信)、PROFIBUS 现场总线通信。

4.2.2　S7-200 CPU 和扩展模块

1. S7-200 CPU

S7-200 CPU 将一个微处理器、一个集成的电源和若干数字量 I/O 点集成在一个紧凑的封装中，组成了一个功能强大的 PLC。西门子提供多种类型的 CPU 以适应各种应用要求。不同类型的 CPU 具有不同的数字量 I/O 点数及不同内存容量的规格参数。

目前提供的 S7-200CPU 有 CPU221、CPU222、CPU224、CPU226、CPU226XM。CPU 规格和外观如表 4-1、图 4-1 所示。

对于每个型号，西门子提供 DC(24V)和 AC(120～220 V)两种电源供电的 CPU 类型。例如 CPU224DC/DC/DC 和 CPU224AC/DC/RELAY。每个类型都有各自的订货号，可以单独订货。

DC/DC/DC：说明 CPU 是直流供电，直流数字量输入/数字量输出点，是晶体管直流电路的类型。

AC/DC/RELAY：说明 CPU 是交流供电，直流数字量输入/数字量输出点，是继电器触点的类型。

表 4-1　CPU 规格表

特性		CPU 221	CPU 222	CPU 224	CPU 226	CPU 226XM
外形尺寸 /(mm×mm×mm)		90×80×62	90×80×62	120.5×80×62	190×80×62	190×80×62
程序 存储 器/字节	可在运行模式下编辑	4096	4096	8192	12288	16384
	不可在运行模式下编辑	4096	4096	12288	16384	24576
数据存储区/字节		2048	2048	8192	10240	10240
掉电保持时间/h		50	50	100	100	100
本机 I/O	数字量	6 入/4 出	8 入/6 出	14 入/10 出	14 入/10 出	24 入/16 出
	模拟量	—	—	—	2 入/1 出	—
扩展模块数量		0 个模块	2 个模块[1]	7 个模块[1]	7 个模块[1]	7 个模块[1]
高速 计数器	单相/kHz	4 路 30 kHz	4 路 30 kHz	6 路 30 kHz	4 路 30 kHz 2 路 00 kHz	6 路 30 kHz
	双相/kHz	2 路 20 kHz	2 路 20 kHz	4 路 20 kHz	3 路 20 kHz 1 路 00 kHz	4 路 20 kHz

续表

特性	CPU 221	CPU 222	CPU 224	CPU 226	CPU 226XM
脉冲输出(DC)/kHz	2 路 20 kHz	2 路 20 kHz	2 路 20 kHz	2 路 00 kHz	2 路 20 kHz
模拟电位器	1	1	2	2	2
实时时钟	配时钟卡	配时钟卡	内置	内置	内置
通信口	1 RS-485	1 RS-485	1 RS-485	2 RS-485	2 RS-485
浮点数运算	有				
I/O 映象区	256 (128 入/128 出)				
布尔指令执行速度	0.22 μs /指令				

注：1—必须对电源消耗作出预算，从而确定 S7-200 CPU 能为配置提供的功率(或电流)。如果超过 CPU 电源预算值，那么可能无法将全部模块都连接上去。关于 CPU 和扩展模块要求和电源消耗预算，可参见器件使用手册。

CPU 通用规范如表 4-2 所示。CPU 提供了一个可选卡插槽，可根据需要插入 3 种插卡中的一种。外插卡需单独订货。

MC291：存储器卡，提供 EEPROM 存储单元，在 CPU 上插入存储器卡后，可使用编程软件 STEP7-MICRO/WIN32 将 CPU 中的存储内容(系统块、程序块和数据块等)复制到卡中；把存储卡插到其他 CPU 上，通电时存储卡的内容会自动复制到 CPU 中。存储卡用于传递程序，被写入的 CPU 必须和提供内容来源的 CPU 相同，或比其型号更高。

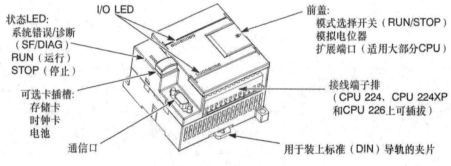

图 4-1　CPU 外观

CC292：日期/时钟电池卡。用于 CPU221 和 CPU222 两种不具备内部时钟的 CPU，以提供日期/时钟功能，同时提供内存后备电池。

BC293：电池卡。为所有类型的 CPU 提供数据保持的后备电池。电池在超级电容放电完毕后起作用。

表 4-2　CPU 通用规范

订货号	模板名称与描述	尺寸(W×H×D) /(mm×mm×mm)	质量/g	损耗 /W	供电能力/mA	
					+5 V DC	+24 V DC
6ES7 211 -0AA22 -0XB0	CPU 221 DC/DC/DC 6 输入/4 晶体管输出	90×80×62	270	3	0	180

订货号	模板名称与描述	尺寸($W{\times}H{\times}D$)/(mm×mm×mm)	质量/g	损耗/W	供电能力/mA	
					+5 V DC	+24 V DC
6ES7 211 -0BA22 -0XB0	CPU221AC/DC/Relay6 输入/4 继电器输出	90×80×62	310	6	0	180
6ES7 212 -1AB22 -0XB0	CPU 222 DC/DC/DC 8 输入/6 晶体管输出	90×80×62	270	5	340	180
6ES7 212 -1BB22 -0XB0	CPU 222AC/DC/Relay 8 输入/6 继电器输出	90×80×62	310	7	340	180
6ES7 214 -1AD22 -0XB0	CPU 224 DC/DC/DC14 输入/10 晶体管输出	120.5×80×62	360	7	660	280
6ES7 214 -1BD22 -0XB0	CPU 224 AC/DC/Relay14 输入/10 继电器输出	120.5×80×62	410	10	660	280
6ES7 216 -2AD22 -0XB0	CPU 226 DC/DC/DC24 输入/16 晶体管输出	196×80×62	550	11	1000	400
6ES7 216 -2BD22 -0XB0	CPU 226 AC/DC/Relay24 输入/16 继电器输出	196×80×62	660	17	1000	400
6ES7 216 -2AF22 -0XB0	CPU 226XM DC/DC/DC24 输入/16 晶体管输出	196×80×62	550	11	1000	400
6ES7 216 -2BF22 -0XB0	CPU 226XM AC/DC/Relay24 输入/16 继电器输出	196×80×62	660	17	1000	400

2. 扩展模块

为了扩展 S7-200 CPU I/O 点和执行特殊的功能，可以连接扩展模块(CPU221 除外)。扩展模块主要有数字量 I/O 模块、模拟量 I/O 模块、通信模块、特殊功能模块等模块。

1) 数字量扩展模块

数字量扩展模块通用规范如表 4-3 所示。

表 4-3　数字量扩展模块通用规范

订货号	模板名称与描述	尺寸($W{\times}H{\times}D$)/(mm×mm×mm)	质量/g	损耗/W	供电能力/mA	
					+5 V DC	+24V DC
6ES7 221 -1BF22 -0XA0	EM221DI8x24V DC	46×80×62	150	2	30	接通：4 mA/输入
6ES7 221 -1EF22 -0XA0	EM221DI8x120/ 230VAC	71.2×80×62	160	3	30	—
6ES7 221 -1BH22 -0XA0	EM221DI16x24 VDC	71.2×80×62	160	3	70	接通：4 mA/输入
6ES7 222 -1BD22 -0XA0	EM222DO4x24V DC-5A	46×80×62	120	3	40	—

订货号	模板名称与描述	尺寸($W\times H\times D$)/(mm×mm×mm)	质量/g	损耗/W	供电能力/mA	
					+5 V DC	+24 V DC
6ES7 222 -1HD22 -0XA0	EM222DO4x 继电器-10A	46×80×63	150	4	30	接通：20 mA/输出
6ES7 222 -1BF22 -0XA0	EM222DO8x24V DC	46×80×64	150	2	50	—
6ES7 222 -1HF22 -0XA0	EM222DO8x 继电器	46×80×65	170	2	40	接通：9 mA/输出
6ES7 222 -1EF22 -0XA0	EM222DO8x120/230VAC	71.2×80×62	165	4	110	—
6ES7 223 -1BF22 -0XA0	EM22324VDC4入/4 出	46×80×65	160	2	40	接通：4 mA/输入
6ES7 223 -1HF22 -0XA0	EM22324VDC4入/4 继电器	46×80×65	170	2	40	接通：9 mA/输出，4 mA/输入
6ES7 223 -1BH22 -0AX0	EM22324VDC8入/8 出	71.2×80×62	200	3	80	
6ES7 223 -1PH22 -0XA0	EM22324VDC8入/8 继电器	71.2×80×62	300	3	80	接通：9 mA/输出，4 mA/输入
6ES7 223 -1BL22 -0XA0	EM22324VDC16入/16 出	137.3×80×620	360	6	160	—
6ES7 223 -1PL22 -0XA0	EM22324VDC16入/16 继电器	137.3×80×620	400	6	150	接通：9 mA/输出，4 mA/输入

2) 模拟量扩展模块

模拟量扩展模块通用规范如表 4-4 所示。

表 4-4　模拟量扩展模块通用规范

订货号	模板名称与描述	尺寸($W\times H\times D$)/(mm×mm×mm)	质量/g	损耗/W	供电能力/mA	
					+5 V DC	+24 V DC
6ES7 231 -0HC22 -0XA0	EM 231 模拟输入4 输入	71.2×80×62	183	2	20	60
6ES7 232 -0HB22 -0XA0	EM 232 模拟输出2 输出	46×80×63	148	2	20	70(两个输出都是 20 mA)
6ES7 235 -0KD22 -0XA0	EM 235 模拟量混合模块 4 输入/1 输出	71.2×80×64	186	2	30	60(两个输出都是 20 mA)

3) 温度测量扩展模块

温度测量扩展模块通用规范如表 4-5 所示。

表 4-5　温度测量扩展模块通用规范

订货号	模板名称与描述	尺寸(W×H×D) /(mm×mm×mm)	质量 /g	损耗 /W	供电能力/mA	
					+5 V DC	+24 V DC
6ES7 231 -7PD22 -0XA0	EM 231 模拟输入 热电偶 4 输入	71.2×80×62	210	1.8	87	60
6ES7 231 -7PB22 -0XA0	EM 231 模拟输入 RTD 2 输入	46×80×63	210	1.8	87	60

4) 特殊功能扩展模块

特殊功能扩展模块通用规范表 4-6 所示。

表 4-6　特殊功能扩展模块通用规范

订货号	模板名称与描述	尺寸(W×H×D) /(mm×mm×mm)	质量 /kg	损耗 /W	供电能力/mA	
					+5 V DC	+24 V DC
6ES7 253 -1AA22 -0XA0	EM 253 位控模块	71.2×80×62	0.19	2.5	190	见使用手册

5) 通信模块

S7-200 系统提供以下几种通信模块，以适应不同的通信方式。

(1) EM277：PROFIBUS-DP 从站通信模块，同时也支持 MPI 从站通信。

(2) EM241：调制解调器(MODEM)通信模块。

(3) CP243-1：工业以太网通信模块。

(4) CP243-1 IT：工业以太网通信模块，同时提供 WEB/E-MAIL 等 IT 应用。

(5) CP243-2：AS-I 主站模块，可连接最多 62 个 AS-I 从站。

6) 总线延长电缆

如果 S7-200 CPU 和扩展模块不能安装在一条导轨上，可以选用总线延长电缆，以适应灵活安装的需求。电缆长度 0.8 m。一个 S7-200 系统只能安装一条总线延长电缆。如图 4-2 所示为总线电缆连接。

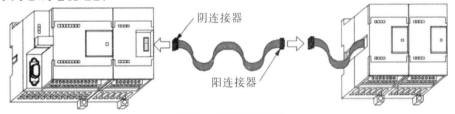

图 4-2　总线电缆连接

3. 电源计算

所有的 S7-200 CPU 都有内部电源，为 CPU 自身、扩展模块和其他用电设备提供 5 V、24 V 直流电源。

扩展模块通过与 CPU 连接的总线电缆取得 5 V 直流电源。

CPU 还向外提供一个 24 V DC 电源，从电源输出点(L+，M)引出。此电源可为 CPU 和扩展模块上的 I/O 点供电，也为一些特殊或智能模块提供电源。该电源还可从 S7-200 CPU

上的通信口输出,向 PC/PPI 编程电缆或 TD200 文本显示操作界面等设备供电。S7-200 CPU 供电能力如表 4-7 所示。

由表 4-7 可见,不同规格的 CPU 提供 5 V DC 和 24 V DC 电源的容量不同。每个实际应用项目都要就电源容量进行规划计算。

表 4-7　S7-200 CPU 供电能力

CPU 型号	5 V DC	24 V DC
CPU 221	不能加扩展模块	180
CPU 222	340	180
CPU 224	660	280
CPU 226/CPU226XM	1000	400

每个扩展模块都需要 5 V DC 电源,使用前应当检查所有扩展模块的 5 V DC 电源需求是否超出 CPU 的供电能力,如果超出,就必须减少或改变模块配置。

有些扩展模块需要 24 V DC 电源供电,I/O 点也可能需要 24 V DC 电源,TD200 等也需要 24 V DC 电源。这些电源也要根据 CPU 的供电能力进行计算,如果所需电源超出电源的容量,需要增加外接 24 V DC 电源。S7-200 CPU 上提供的电源不能和外接电源并联,但它们必须共地。

电源计算的示例如表 4-8 所示。

表 4-8　电源计算的示例

CPU 电源预算	5 V DC	24 V DC
CPU224 AC/DC/继电器	660 mA	280 mA
	减去以下电源需求	减去以下电源需求
系统需要	5 V DC	24 V DC
CPU224,14 输入		14×4 mA= 56 mA
3 EM223,5 V 电源需求	3×80 mA= 240 mA	
1 EM221,5 V 电源需求	1×30 mA= 30 mA	
3 EM223,每个 8 输入		3×8×4 mA= 96 mA
3 EM223,每个 8 继电器线圈		3×8×9 mA= 216 mA
1 EM221,每个 8 输入		8×4 mA= 32 mA
总需求	270 mA	400 mA
电源差额	5 V DC	24 V DC
总电流差额	剩 390 mA	缺 120 mA

4. 数据保持

S7-200 提供了几种保持数据的方法,用户根据需要可以灵活选用。

(1) CPU 中内置超级电容,在不太长的断电期间内为保持数据和时钟提供电源,不需要附件。

(2) CPU 上附加电磁卡,与内置超级电容配合,长期为保持数据和时钟提供电源。

(3) 使用数据块，永久保存不需要更改的数据。

(4) 编程时设置系统迅速，可在 CPU 断电时自动永久保存至多 14 个字节的数据。

(5) 在用户程序中编程，根据需要永久保存数据。

S7-200 CPU 中的数据存储区分为易失性的 RAM 存储区以及永久保存的 EEPOM 存储区两类。RAM 存储区需要为其提供电源方能保持其中的数据不丢失。

S7-200 中的 V 数据存储区、M 存储区都属于易失性数据存储区。要保存 T(定时器)和 C(计数器)数据，也需要提供电源。

S7-200 CPU 提供了 EEPROM 存储器。EEPROM 不需要另外供电就能永久保存数据。EEPROM 对应于 RAM 中的 V 存储区和 M 存储区的一部分。将数据存入 EEPROM 时需要进行相关的设置或者编程。

5. 通信和网络

1) PPI 网络通信

PPI(点到点接口)是西门子为 S7-200 系统开发的通信协议。PPI 属于一种主-从协议，即主站设备发送要求到从站设备，从站设备响应。从站不主动发送信息，只是等待主站的要求和对要求作出响应。

PPI 网络中可以有多个主站。PPI 并不限制与任意一个从站通信的主站数量，但是在一个网段中，通信站的个数不能超过 32。带中继器的网络结构如图 4-3 所示。

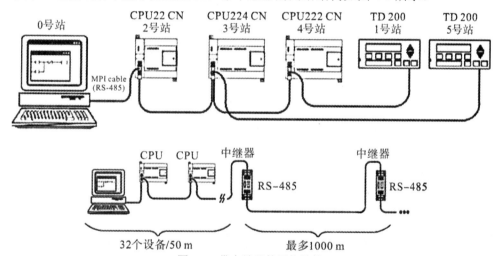

图 4-3　带中继器的网络结构

S7-200 CPU 上集成的通信口支持 PPI 通信。不隔离的 CPU 通信口支持的标准 PPI 通信距离为 50 m，如果使用一对 RS-485 中继器，可以使 RS-485 的标准 PPI 通信距离为 1200 m。PPI 支持的通信速率为 9.6 kb/s、19.2 kb/s、187.5 kb/s。

PPI 通信是最容易实现的 S7-200 CPU 之间的网络通信。只需编程设置主站通信端口的工作模式，即可用网络读/写指令(NETR/NETW)读/写从站的数据。

2) PROFIBUS 网络通信

在 S7-200 系列的 CPU 中，除了 CPU221 外都可以通过 EM277 PROFIBUS-DP 扩展模块支持 PROFIBUS-DP 网络协议。EM277 通过模块扩展电缆连接到 S7-200 CPU。EM277

PROFIBUS-DP 模块的端口可运行于 9.6 kb/s 和 12 Mb/s 之间的任何 PROFIBUS 波特率。

　　作为 DP 从站，EM277 模块可接受从主站发送来的多种不同的 I/O 配置，向主站发送和接收不同数量的数据。EM277 能读/写 S7-200 CPU 中在主站方面定义地址的变量数据块(V 存储区)，即可使用户与主站交换任何类型的数据。首先，将数据移到 S7-200 CPU 中的变量存储区，就可将输入、计数值、定时器值或其它计算值传送到主站。类似地，从主站发送来的数据存储在 S7-200 CPU 中的变量存储器内，并可移到其它数据区。PROFIBUS 网络通信如图 4-4 所示。

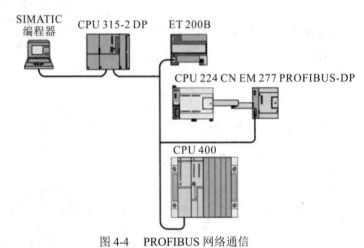

图 4-4　PROFIBUS 网络通信

3) 自由口通信

　　S7-200 支持自由口通信模式，如图 4-5 所示。自由口模式使 S7-200 PLC 可以与许多通信协议公开的其它设备、控制器进行通信，波特率范围为 1200～115 200 b/s(可调整)。

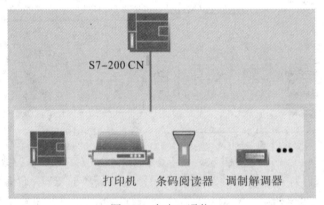

图 4-5　自由口通信

　　自由口模式的数据字节格式包含一个起始位、一个停止位，可以选择 7 位或者 8 位数据，也可以选择是否有校验位，并确定是奇校验还是偶校验。

　　在自由口模式下，使用 XMT(发送)和 RCV(接收)指令，为所有的通信活动编程。通信协议应符合通信对象的要求或者由用户决定。

　　CPU 的通信口在自由口模式工作时，该通信口不能同时在其它通信模式下工作，例如 PPI 编程状态。

CPU 的通信口为 RS-485 标准,如果通信对象是 RS-232 设备,则需要 RS-232/PPI 电缆。

4) USS 和 MODBUS RTU 从站指令库

STEP7-MICRO/WIN32 V3.2 以上版提供了 USS 和 MODBUS RTU 从站指令库。USS 指令库可以对西门子生产的 MM420、MM430 和 MM440 变频器进行串行通信控制。MODBUS RTU 指令库为 S7-200 CPU 提供了 MODBUS RTU 从站功能。

USS 和 MODBUS 指令库都使用 S7-200 CPU 的自由口通信模式编程实现。

5) 网络通信硬件

S7-200 支持的 PPI、PROFIBUS DPP、自由口通信模式都是建立在 RS-485 的硬件基础上的。为保证足够的传输距离和通信速率,建议使用西门子制造的网络电缆和网络连接器(插头)。

网络通信硬件如图 4-6 所示。

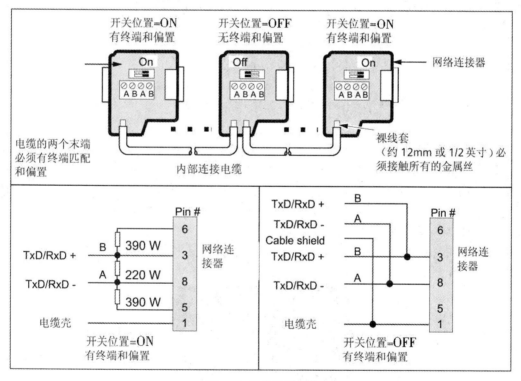

图 4-6　网络通信硬件

6) 以太网通信

S7-200 CPU 加装 CP243-1(CP243-1 IT)扩展模块后可以支持工业以太网通信。CP243-1(CP243-1 IT)模块提供了一个标准的 RJ45 网络接口,完全支持 TCP/IP 协议,并支持标准的网络设备(例如集线器、路由器等)。

通过在 CPU 上扩展 CP243-1(CP243-1 IT)模块,就可以实现以下功能:

(1) 支持 10/100 Mb/s 工业以太网,支持半双工/全双工通信、TCP/IP,最多实现 8 个连接。

(2) 与运行 STEP7-MICRO/W32 的计算机通信,支持通过工业以太网的远程编程服务。

(3) 连接其他 SIMATIC S7 系列远程组件,例如 S7-300 上的 CP343-1 或其它 CP243-1。

(4) 连接基于 OPC 的 PC 应用程序,例如组态软件等。

(5) 支持集成的 Web 网页服务、E-mail 服务等(CP243-1 IT)。

7) MODEM 远程通信

S7-200 提供了一个简单易用的远程 MODEM 通信解决方案。S7-200 CPU 通过附加 EM241 扩展 MODEM 通信模块,可以实现通过电话交换机和电话网络的远距离通信。

8) EM241 的主要功能

(1) 远程编程服务。S7-200 编程软件 STEP7 MICRO/WIN32 通过在本地 PC Windows 系统安装 MODEM,经过电话线与远程安装的 S7-200 系统进行编程、调试等服务。

(2) 远程 S7-200 CPU 和 PC 之间,通过 MODEM 主/从协议通信。

(3) S7-200 CPU 之间通过电话网通信。

(4) 事件驱动的 SMS(短消息)和寻呼服务(需服务提供商支持)。

4.3 技术改造

4.3.1 C516 型立式车床的机械结构和主要运动

立式车床用于加工径向尺寸大、轴向尺寸相对较小且形状比较复杂的大型和重型零件,如各种机架、体壳类零件。常用的立式车床有单柱立式车床和双柱立式车床两种。单柱立式车床加工直径小于 1600 mm;双柱立式车床加工直径较大,最大加工直径通常大于 2000 mm。最大的立式车床的加工直径有时甚至超过 25000 mm。

C516A 型立式车床为单柱立式加工车床,其外形如图 4-7 所示。其工作台直径为 1600 mm,共装 5 台三相异步电动机,机床的全部主要用电设备均由 380V 电源提供,控制电路的电压为 220 V。

图 4-7　C516A 型立式车床外形

　　主拖动电机 ZD 通过变速箱能实现 18 种转速的变换。横梁上装有一个进给箱，在进给箱的上面装有快速移动电动机；而立柱上装有一个进给箱，在进给箱的上面也装有快速移动电动机。

　　机床的主运动为工作台的旋转运动，进给运动包括垂直刀架的垂直运动和水平移动、侧刀架的横向移动和上下移动，辅助运动包括横梁的上下移动。

4.3.2　电控特点及拖动要求

　　电控特点及拖动要求如下：

　　(1) 工作台由主电机经变速箱直接启动。因立式车床在工作时主要进行正向切削，所以电动机只需要正向转动。

　　(2) 由于工作台直径大、重量大、惯性也大，所以必须在停车时采取制动措施。

　　(3) 工作台的变速由电气、液压装置和机械联合实现。

　　(4) 由于机床体积大，操作人员的活动范围也大，因此采用悬挂按钮站进行控制，选择开关和主要操作按钮都置于其上。

　　(5) 在车削时，横梁应夹紧在立柱上。横梁上升的程序是：松开夹紧装置→横梁上升→最后夹紧。当横梁下降时，丝杆和螺母间出现的空隙会影响横梁的水平精度，故设有回升环节，使横梁下降到位后略为上升一段，所以横梁下降的程序是：松开夹紧装置→横梁下降→横梁回升→横梁夹紧。

　　(6) 必须有完善的联锁与保护措施。

　　① 立刀架的向左限位和向右限位设置。

　　② 侧刀架的向下限位和向上与横梁的相碰限位设置。

　　③ 横梁向上限位和向下与侧刀架的相碰限位设置。

　　④ 旋转工作台只有在润滑压力开关闭合的情况下才能动作。

　　⑤ 工作台在动作的时候，横梁是不可以动作的。

4.3.3　C516A 型立式车床的电气控制电路

　　C516A 型立式车床电气控制原理图如图 4-8～图 4-12 所示。

　　由图 4-8 可知，C516A 型立式车床由 5 台电动机拖动，主要包括主轴电动机 ZD、液压泵电动机 BD、横梁升降电动机 HD、立刀架快速移动电动机 LD、侧刀架快速移动电动机 CD。另外，只有在液压泵电动机 BD 启动运行，机床润滑状态良好的情况下，其它电动机才能启动。

1. 液压泵电动机 BD 控制

　　按下图 4-9 中的按钮 2A，接触器 CBD 吸合，液压泵电动机 BD 启动运转，同时接触器有一个常开闭合，接通其它电动机控制电路的电源，为其他电动机的启动运行做好准备。

2. 主轴电动机 ZD 控制

　　主轴电动机 ZD 可采用 Y-△减压启动控制，也可采用正转点动控制，还可采用停车制动控制，由主轴电动机 ZD 拖动的工作台还可以通过电磁阀的控制来达到变速的目的。

1) 主轴电动机 ZD 的 Y-△减压启动控制

按下图 4-9 中的按钮 4A，中间继电器 1J 吸合并自锁，接触器 1CZD 线圈通电吸合，继而接触器 CYZD 线圈通电吸合，同时时间继电器 JS 开始计时，主轴电动机 ZD 开始以星形接法减压启动。经过一定的时间，时间继电器常闭点断开，接触器 CYZD 线圈断电释放，而时间继电器常开点闭合，接触器 C△ZD 线圈通电吸合，主轴电动机 ZD 三角形接法全压运行。

2) 主轴电动机 ZD 正转点动控制

按下图 4-9 中的正转点动按钮 5A，接触器 CYZD 线圈通电吸合，继而接触器 1CZD 线圈通电吸合，主轴电动机 ZD 正向星形接法减压启动。

3) 主轴电动机 ZD 停车制动控制

当主拖动电动机 ZD 启动运转时，速度继电器 DJ 的常开触点闭合。按下图 4-9 中的停止按钮 3A，中间继电器 1J、接触器 1CZD、时间继电器 JS、接触器 C△ZD 线圈断电释放。这时接触器 2CZD 线圈通电吸合，继而接触器 C△ZD 线圈通电吸合，主轴电动机 ZD 开始能耗制动。当速度下降至 100 r/min 时，速度继电器的常开触点断开，主轴电动机 ZD 制动停车完毕。

4) 工作台的变速控制

工作台的变速由手动开关 HZ 控制，改变手动开关 HZ 的位置，电磁铁 4CT～8CT 有不同的通断组合，可得到工作台各种不同的转速。

将 HZ 扳至所需转速位置，按下图 4-9 中的变速按钮 18A，中间继电器 5J、时间继电器 4SJ 线圈通电吸合，同时定位电磁铁 2CT 线圈也通电，继而中间继电器 3J 线圈通电吸合，并使电磁铁 9CT 线圈也通电。接通锁杆油路，锁杆压合行程开关 XKBS 闭合，通过时间继电器 1SJ 和 2SJ 线圈的通电顺序，控制主轴电动机 ZD 做短时启动运行，促使变速齿轮啮合。当变速到位后，锁杆压合行程开关 XKBS 断开，这时中间继电器 2J 吸合，接通变速指示灯 UXD。

3. 横梁升降控制

1) 横梁上升控制

按下图 4-12 中的横梁上升按钮 6A，中间继电器 4J 线圈通电吸合，继而横梁放松，电磁铁 3CT 通电吸合，接通液压系统油路，横梁夹紧机构放松，然后行程开关复位闭合，接触器 CHDS 线圈通电吸合，横梁升降电动机 HD 正向启动运行，带动横梁上升。松开按钮 6A，横梁停止上升。

2) 横梁下降控制

按下图 4-12 中的横梁下降按钮 7A，中间继电器 4J 线圈通电吸合，继而横梁放松电磁铁 3CT 通电吸合，接通液压系统油路，横梁夹紧机构放松，然后行程开关复位闭合，接触器 CHDX 线圈通电吸合，横梁升降电动机 HD 反向启动运行，带动横梁下降。松开按钮 7A，横梁停止下降。

4. 立刀架控制

1) 立刀架快速移动控制

首先将图 4-10 中的选择开关 1ZK 扳至"快速进给"位置(201-203)，然后按下向左运行按钮 9A(201-207)，中间继电器 1JZ 线圈通电吸合。继而向左移动离合器 DL1Z 线圈通电吸合(603-d)，且接触器 CLD 线圈通电吸合(203-202)，立刀架电动机 LD 启动运转，带动立刀架快速向左移动。松开按钮 9A，立刀架电动机 LD 停止运转。

同理，按下图 4-10 中的向右运行按钮 10A(201-213)、向上运行按钮 11A(201-219)、向下运行按钮 12A(201-223)、中间继电器 1JY、1JS、1JX 线圈通电吸合。继而向右移动离合器 DL1Y 线圈通电吸合(605-d)、向上移动离合器 DL1S 线圈通电吸合(607-d)、向下移动离合器 DL1X 线圈通电吸合(609-d)，且接触器 CLD 线圈通电吸合(203-202)，立刀架电动机 LD 启动运转，带动立刀架快速向右、向上、向下移动。松开按钮 10A、11A、12A，立刀架电动机 LD 停止运转。

2) 立刀架进给移动控制

首先将图 4-10 中的选择开关 1ZK 扳至"正常进给"位置(201-205)，然后按下需要移动方向的按钮，并接通相应的移动离合器。由于采用了自保回路，在松开启动按钮后系统仍能保持进给模式。只有在按下停止进给按钮 BA(201-3)后，才能退出刀架的进给移动。不过正常进给的动力来自旋转工作台，而没有采用专门的进给移动电动机。

3) 立刀架快速移动和工作进给制动控制

当按下立刀架相应的进给按钮后，通过相应的中间继电器，在接通移动离合器的同时，时间继电器 5SJ 线圈通电吸合(201-202)，其瞬时闭合延时断开触点闭合(601-611)。当在快速进给方式下，松开立刀架的相应进给启动按钮，或在工作进给方式下，按下停止进给按钮 BA(201-3)，其相应的中间继电器和移动离合器线圈失电，这时系统就会接通水平制动离合器线圈 DL1C(615-d)以及垂直制动离合器线圈 DL1E(619-d)，使制动离合器动作，对立刀架的快速进给及工作进给进行制动。

4) 侧刀架快速移动控制

首先将图 4-10 中的选择开关 2ZK 扳至"快速进给"位置(301-303)，然后按下向左运行按钮 14A(301-307)，中间继电器 2JZ 线圈通电吸合。继而向左移动离合器 DL2Z 线圈通电吸合(621-d)，且接触器 CLD 线圈通电吸合(303-302)，立刀架电动机 CD 启动运转，带动立刀架快速向左移动。松开按钮 14A，立刀架电动机 CD 停止运转。

同理，按下图 4-10 中的向右运行按钮 15A(301-311)、向上运行按钮 16A(301-315)、向下运行按钮 17A(301-319)、中间继电器 2JY、2JS、2JX 线圈通电吸合。继而向右移动离合器 DL2Y 线圈通电吸合(623-d)、向上移动离合器 DL1S 线圈通电吸合(6625-d)、向下移动离合器 DL1X 线圈通电吸合(627-d)，且接触器 CCD 线圈通电吸合(303-302)，侧刀架电动机 CD 启动运转，带动立刀架快速向右、向上、向下移动。松开按钮 15A、16A、17A，侧刀架电动机 LD 停止运转。

5) 侧刀架进给移动控制

首先将图 4-10 中的选择开关 2ZK 扳至"正常进给"位置(301-305)，然后按下需要移动方向的按钮，并接通相应的移动离合器。由于采用了自保回路，在松开启动按钮后系统仍能保持进给模式。只有在按下停止进给按钮 BA(301-3)后，才能够退出刀架的进给移动。不过正常进给的动力来自旋转工作台，而没有采用专门的进给移动电动机。

6) 侧刀架快速移动和工作进给制动控制

当按下侧刀架相应的进给按钮后，通过相应的中间继电器，在接通移动离合器的同时，时间继电器 6SJ 线圈通电吸合(301-302)，其瞬时闭合延时断开触点闭合(601-629)。当在快速进给方式下，松开立刀架的相应进给启动按钮，或在工作进给方式下，按下停止进给按钮 BA(301-3)，其相应的中间继电器和移动离合器线圈失电，这时系统就会接通水平制动离合器线圈 DL1C(633-d)以及垂直制动离合器线圈 DL1E(637-d)，使制动离合器动作，对立刀架的快速进给及工作进给进行制动。

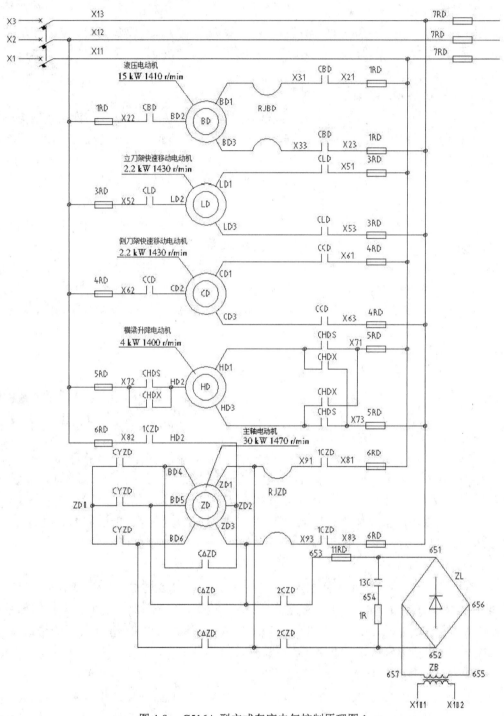

图 4-8　C516A 型立式车床电气控制原理图 1

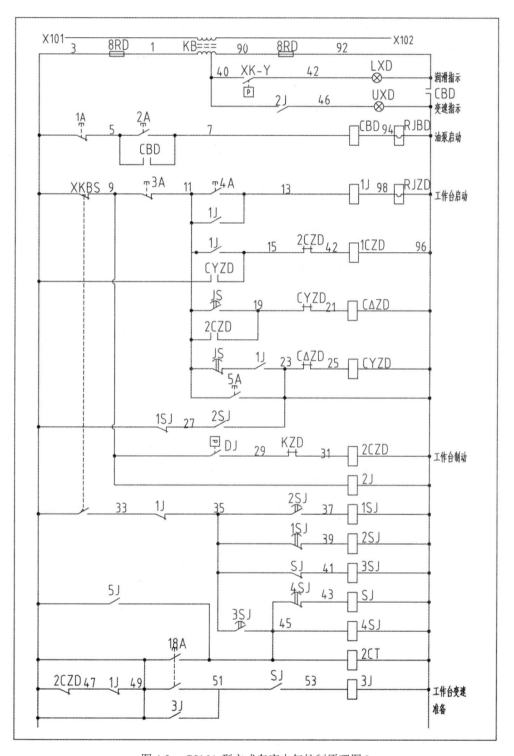

图 4-9   C516A 型立式车床电气控制原理图 2

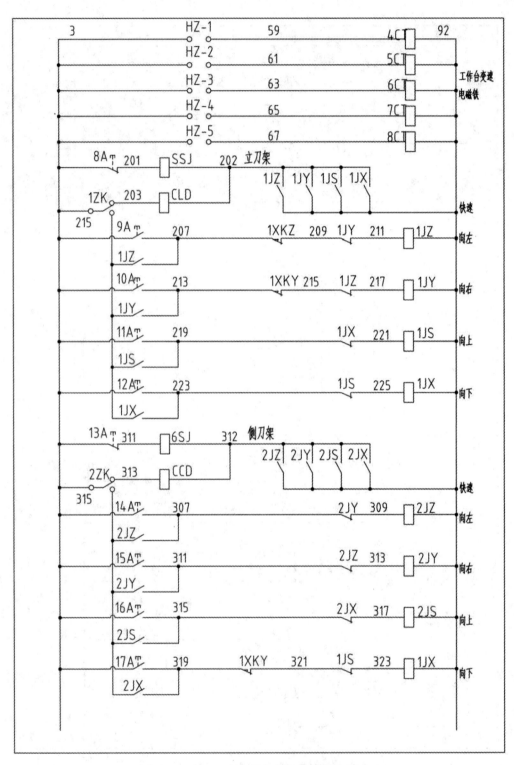

图 4-10　C516A 型立式车床电气控制原理图 3

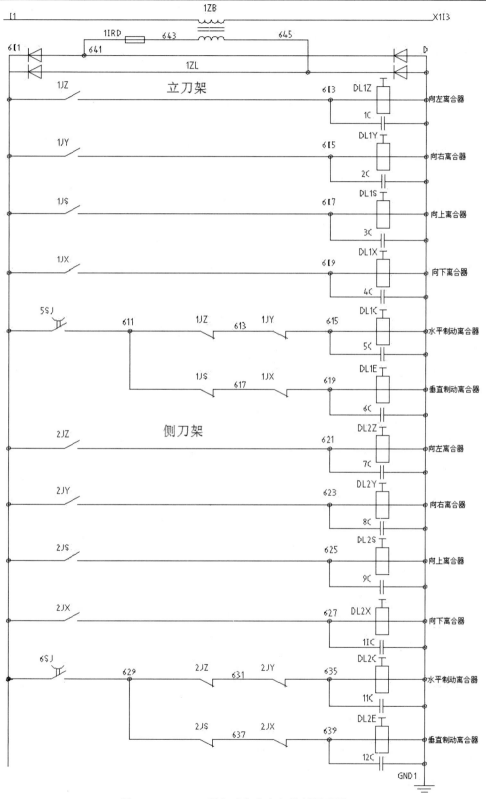

图 4-11　C516A 型立式车床电气控制原理图 4

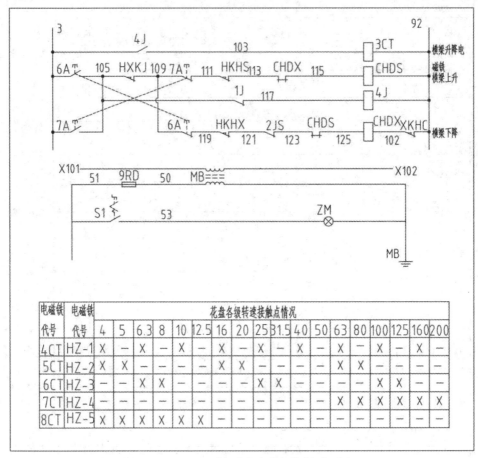

图 4-12　C516A 型立式车床电气控制原理图 5

4.3.4　C516A 型立式车床 PLC 控制系统设计

1. C516A 型立式车床 PLC 控制输入输出点分配

C516A 型立式车床 PLC 控制输入/输出点分配表如表 4-9 所示。

表 4-9　PLC 控制输入/输出点分配表

输入信号			输出信号		
名称	代码	地址	名称	代码	地址
急停	SB0	I0.0	油泵电机启动	KA1/KM1	Q0.0
油泵停止	SB1	I0.1	立刀架快速电机启停	KA2/KM2	Q0.1
油泵启动	SB2	I0.2	侧刀架快速电机启动	KA3/KM3	Q0.2
工作台停止	SB3	I0.3	横梁电机上升	KA4/KM4	Q0.3
工作台正转	SB4	I0.4	横梁电机下降	KA4A/KM4A	Q0.4
工作台反转	SB5	I0.5	工作台启动	KA5A/KM5A	Q0.5
工作台点动	SB6	I0.6	工作台 Y 型	KA5B/KM5B	Q0.6
工作台进给		I0.7	工作台△型	KA5C/KM5C	Q0.7

续表

输入信号			输出信号		
名称	代码	地址	名称	代码	地址
立刀架向上		I1.0	工作台制动	KA5D/KM5D	Q1.0
立刀架向下		I1.1	定位电磁铁	KA6/2CT	Q1.1
立刀架向左	SA1	I1.2	横梁升降电磁铁	KA7/3CT	Q1.2
立刀架向右		I1.3		KA8/4CT	Q1.3
立刀架停止	SB8	I1.4		KA9/5CT	Q1.4
立刀架快速		I1.5	工作台变速电磁铁	KA10/6CT	Q1.5
立刀架进给	SA2	I1.6		KA11/7CT	Q1.6
侧刀架向上		I1.7		KA12/8CT	Q1.7
侧刀架向下		I2.0	立刀架向上离合器	KA13/DL1S	Q2.0
侧刀架向左	SA3	I2.1	立刀架向下离合器	KA14/DL1X	Q2.1
侧刀架向右		I2.2	立刀架向左离合器	KA15/DL1Z	Q2.2
侧刀架停止	SB9	I2.3	立刀架向右离合器	KA16/DL1Y	Q2.3
侧刀架快速		I2.4	立刀架水平制动离合器	KA17/DL1C	Q2.4
侧刀架进给	SA4	I2.5	立刀架垂直制动离合器	KA18/DL1E	Q2.5
横梁上升	SB10	I2.6	侧刀架水平制动离合器	KA19/DL2C	Q2.6
横梁下降	SB11	I2.7	侧刀架垂直制动离合器	KA20/DL2E	Q2.7
液压正常	YL1	I3.0	侧刀架向上离合器	KA21/DL2S	Q3.0
立刀架向左限位	SQ1	I3.1	侧刀架向下离合器	KA22/DL2X	Q3.1
立刀架向右限位	SQ2	I3.2	侧刀架向左离合器	KA23/DL2Z	Q3.2
侧刀架向下限位	SQ3	I3.3	侧刀架向右离合器	KA24/DL2Y	Q3.3
横梁向上限位	SQ4	I3.4	润滑正常	HL1	Q3.4
横梁向下限位	SQ5	I3.5	变速指示	HL2	Q3.5
横梁放松到位	SQ6	I3.6		KA25	Q3.6
变速限位	SQ7	I3.7		KA26	Q3.7
工作台变速	SB12	I4.0			
速度继电器	DJ	I4.1			
工作台 18 挡变速开关	WS1	I4.2			
		I4.3			
		I4.4			
		I4.5			
		I4.6			

2. C516A 型立式车床 PLC 控制原理图

C516A 型立式车床 PLC 控制原理图如图 4-13～图 4-22 所示。

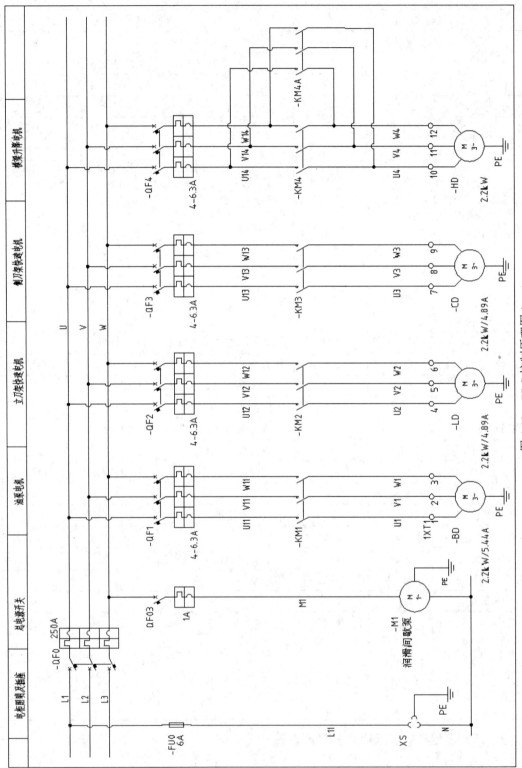

图 4-13　PLC 控制原理图 1

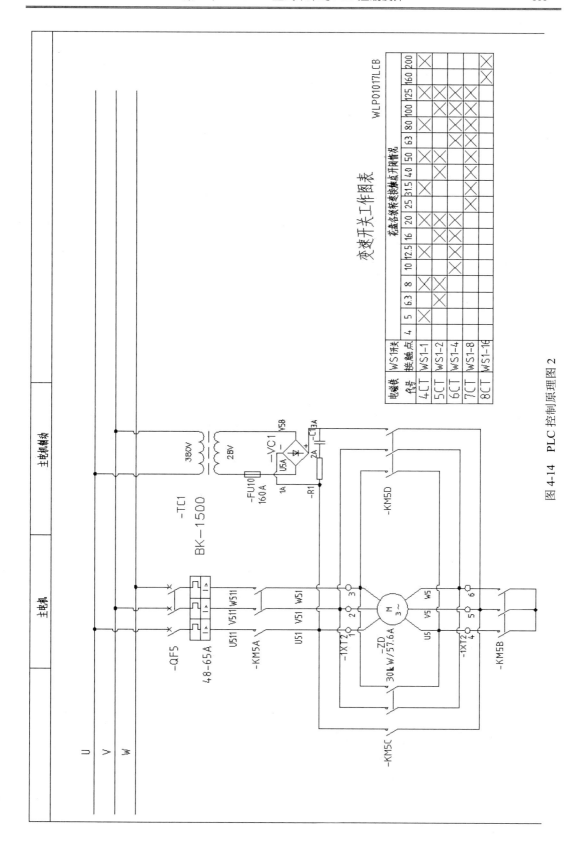

图 4-14　PLC 控制原理图 2

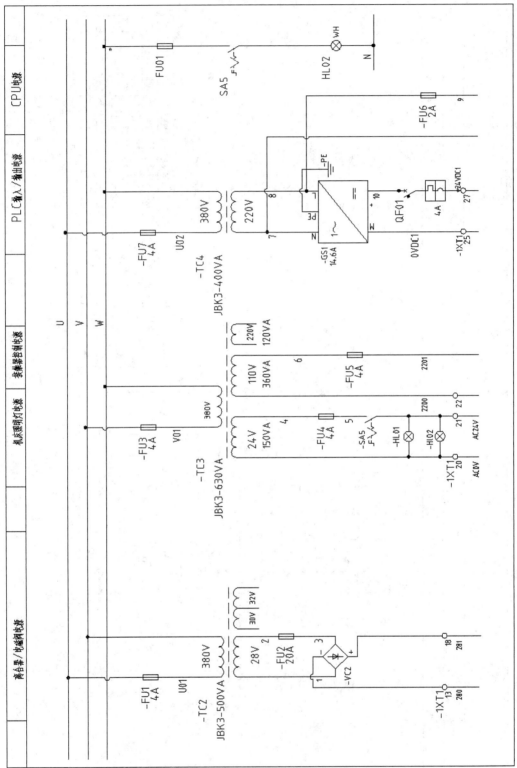

图 4-15 PLC 控制原理图 3

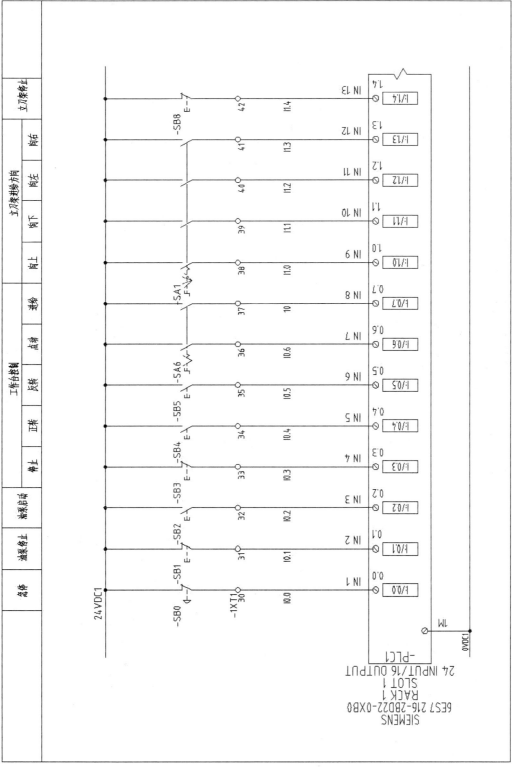

图 4-16　PLC 控制原理图 4

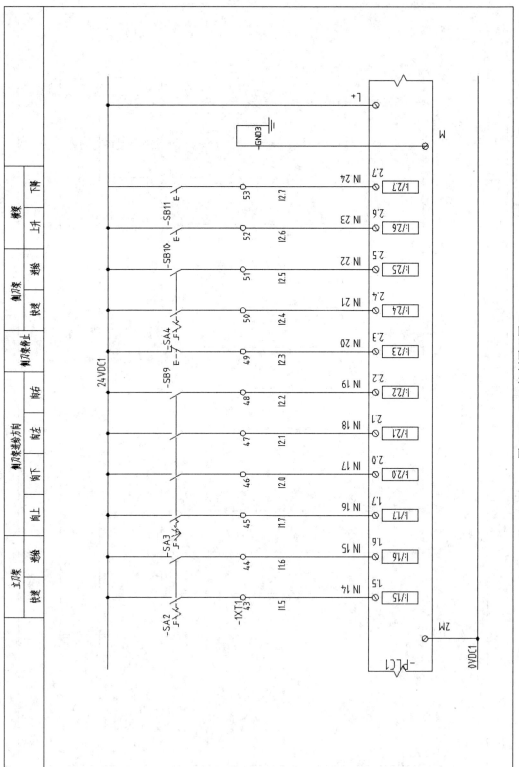

图 4-17　PLC 控制原理图 5

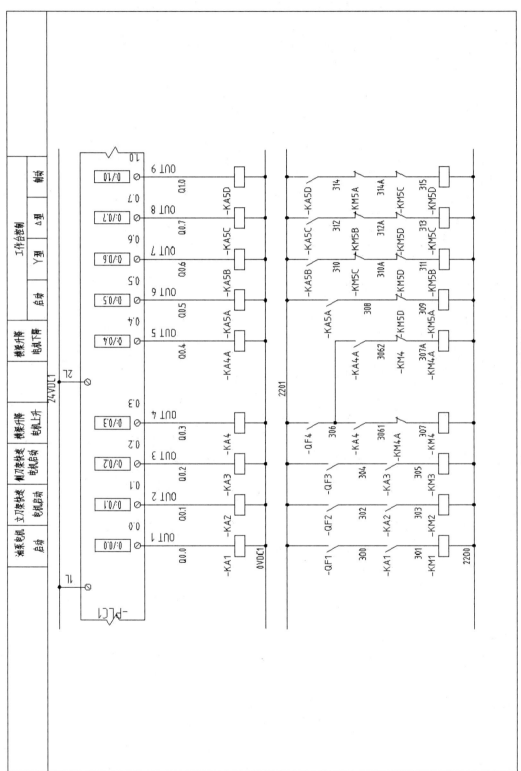

图 4-18　PLC 控制原理图 6

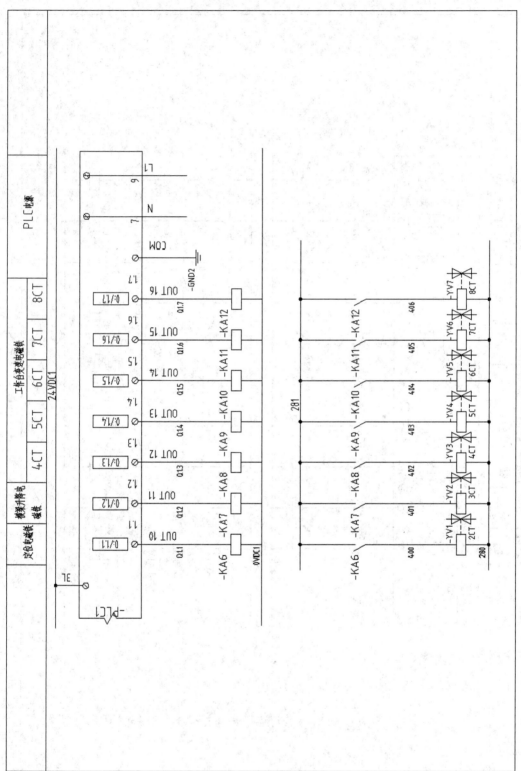

图 4-19　PLC 控制原理图 7

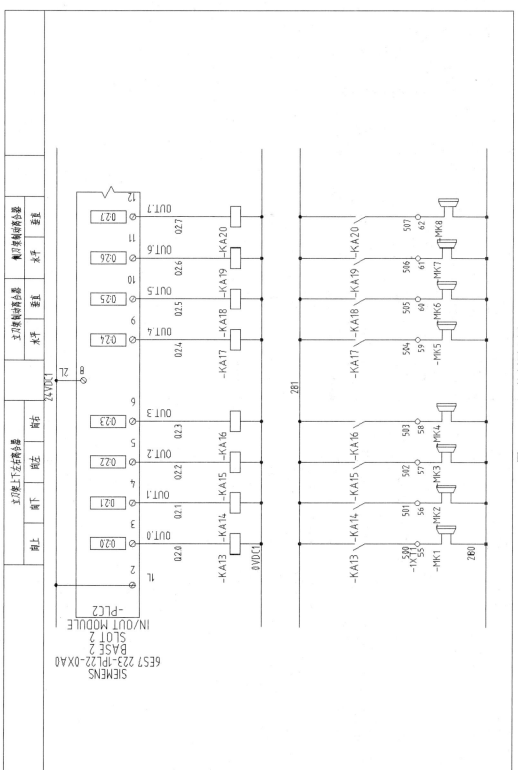

图 4-20　PLC 控制原理图 8

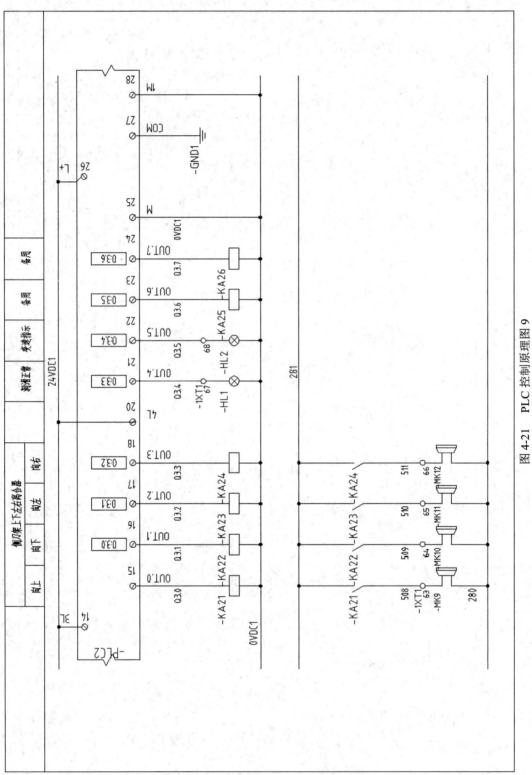

图 4-21 PLC 控制原理图图 9

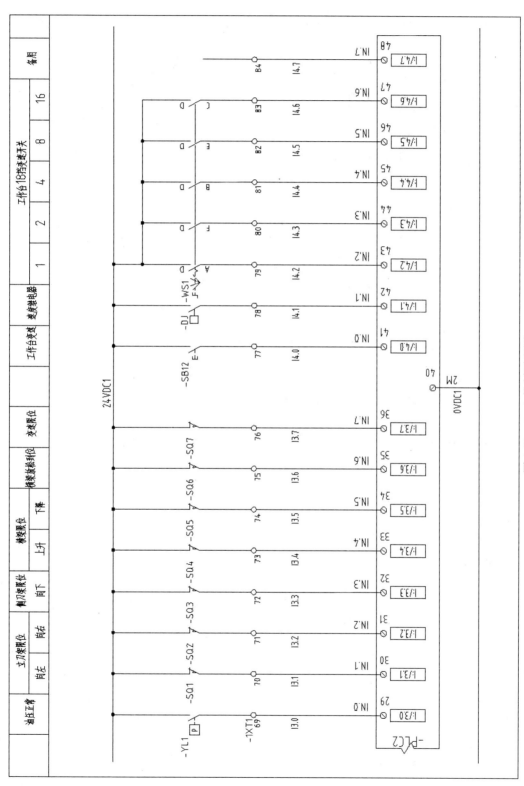

图 4-22　PLC 控制原理图 10

3. C516A 型立式车床 PLC 控制梯形图

C516A 型立式车床 PLC 控制梯形图如图 4-23～图 4-34 所示。

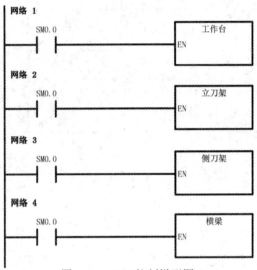

图 4-23　PLC 控制梯形图 1

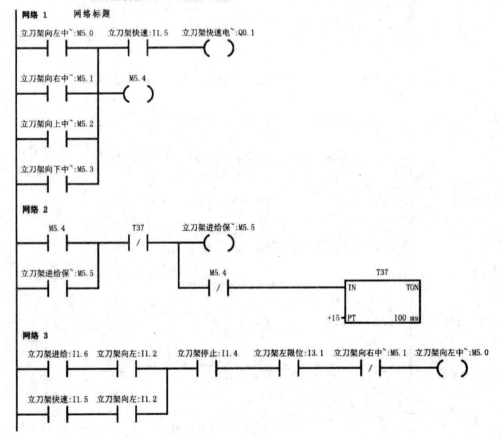

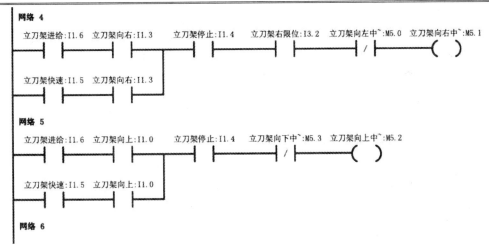

图 4-24　PLC 控制梯形图 2

C516A立式车床0315　/　立刀架（SBR0）

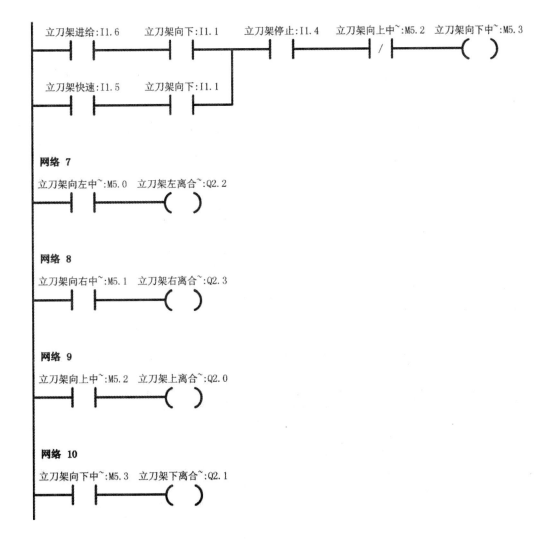

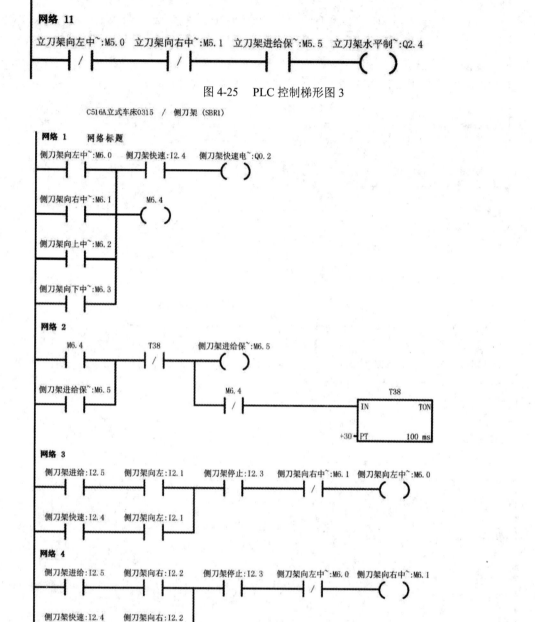

图 4-25   PLC 控制梯形图 3

图 4-26   PLC 控制梯形图 4

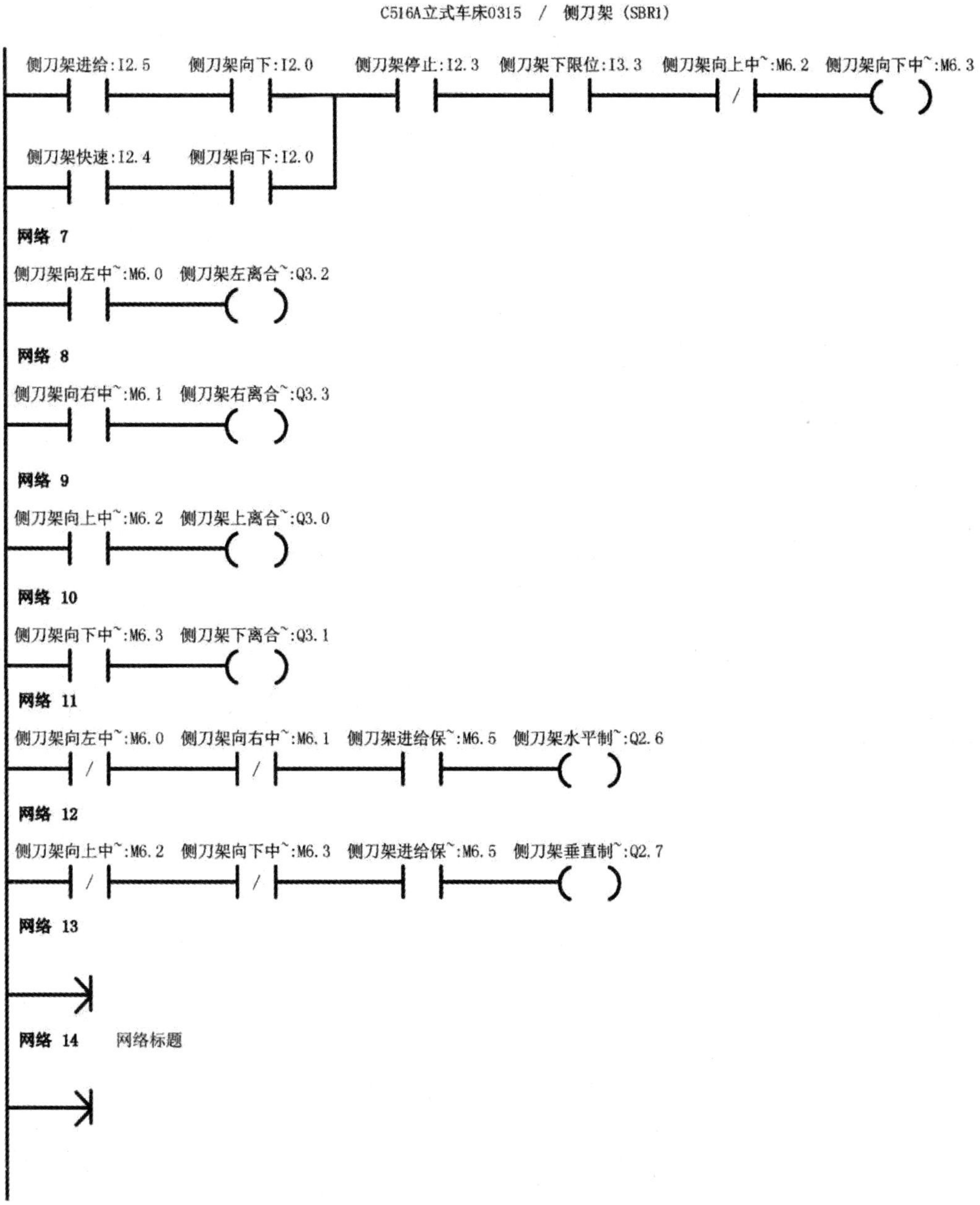

图 4-27　PLC 控制梯形图 5

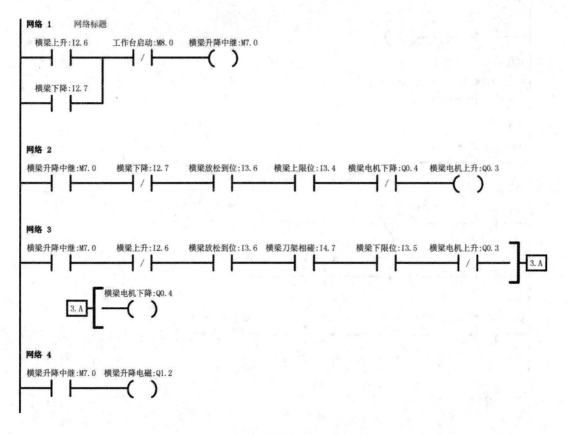

图 4-28 PLC 控制梯形图 6

C516A立式车床0315　／　工作台（SBR3）

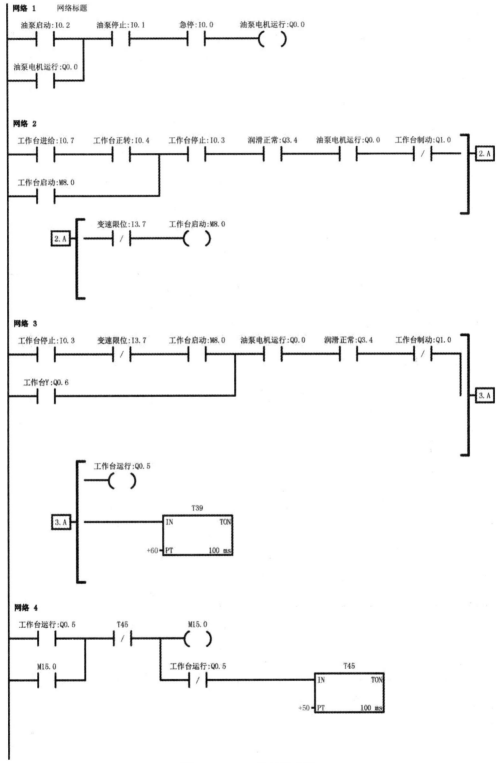

图 4-29　PLC 控制梯形图 7

C516A立式车床0315 / 工作台 (SBR3)

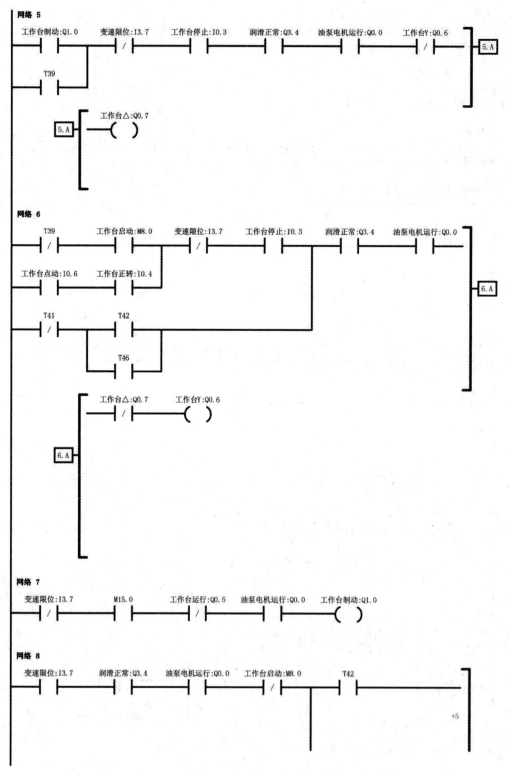

图 4-30　PLC 控制梯形图 8

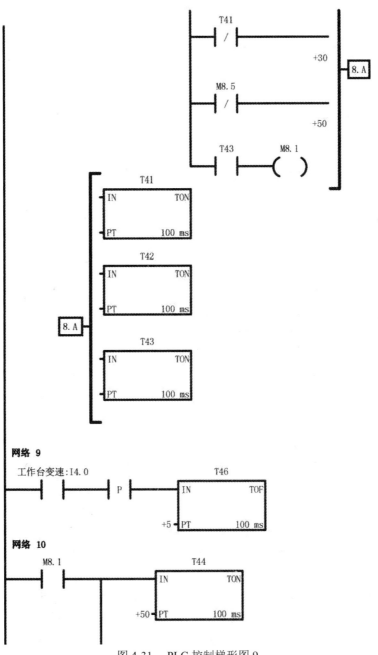

图 4-31　PLC 控制梯形图 9

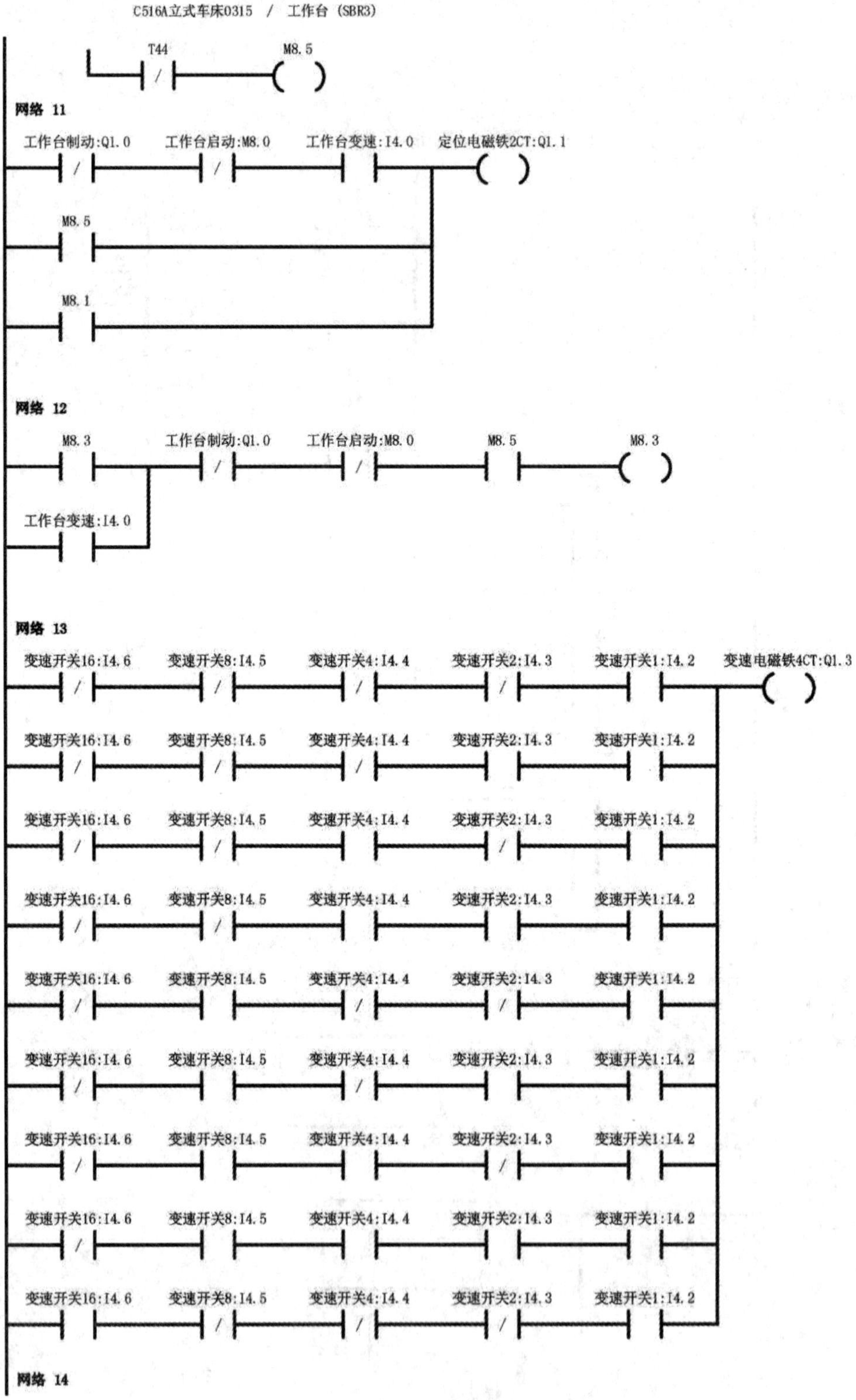

C516A立式车床0315 / 工作台（SBR3）

T44   M8.5

网络 11

工作台制动:Q1.0   工作台启动:M8.0   工作台变速:I4.0   定位电磁铁2CT:Q1.1

M8.5

M8.1

网络 12

M8.3   工作台制动:Q1.0   工作台启动:M8.0   M8.5   M8.3

工作台变速:I4.0

网络 13

变速开关16:I4.6   变速开关8:I4.5   变速开关4:I4.4   变速开关2:I4.3   变速开关1:I4.2   变速电磁铁4CT:Q1.3

变速开关16:I4.6   变速开关8:I4.5   变速开关4:I4.4   变速开关2:I4.3   变速开关1:I4.2

变速开关16:I4.6   变速开关8:I4.5   变速开关4:I4.4   变速开关2:I4.3   变速开关1:I4.2

变速开关16:I4.6   变速开关8:I4.5   变速开关4:I4.4   变速开关2:I4.3   变速开关1:I4.2

变速开关16:I4.6   变速开关8:I4.5   变速开关4:I4.4   变速开关2:I4.3   变速开关1:I4.2

变速开关16:I4.6   变速开关8:I4.5   变速开关4:I4.4   变速开关2:I4.3   变速开关1:I4.2

变速开关16:I4.6   变速开关8:I4.5   变速开关4:I4.4   变速开关2:I4.3   变速开关1:I4.2

变速开关16:I4.6   变速开关8:I4.5   变速开关4:I4.4   变速开关2:I4.3   变速开关1:I4.2

变速开关16:I4.6   变速开关8:I4.5   变速开关4:I4.4   变速开关2:I4.3   变速开关1:I4.2

网络 14

图 4-32   PLC 控制梯形图 10

C516A立式车床0315 / 工作台（SBR3）

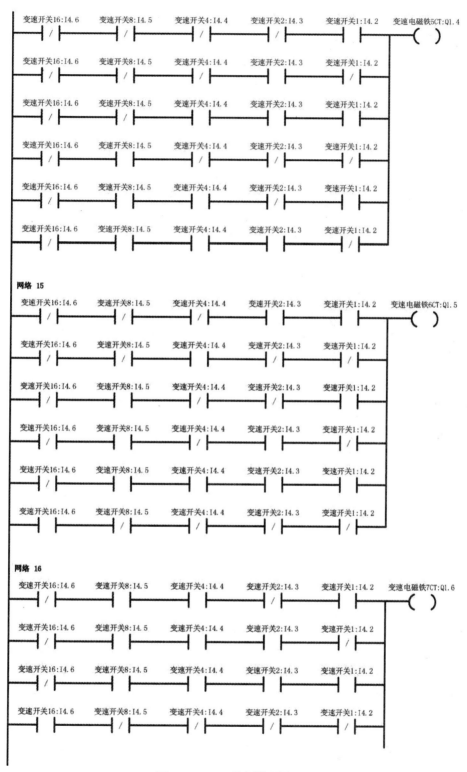

图 4-33　PLC 控制梯形图 11

C516A立式车床0315 / 工作台（SBR3）

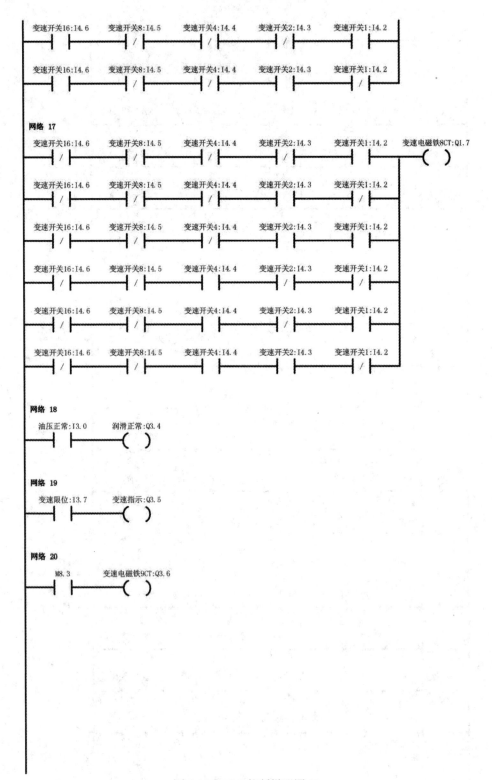

图 4-34　PLC 控制梯形图 12

4.3.5　电气调试步骤

1. 通电前的准备工作

(1) 首先检查各元器件的安装位置与布置图，并确认标识符与原理图是否一致；检查各元件的规格型号、电压等技术指标是否与明细表相符；按照电气原理图检查接线、线号、端子号是否正确，连接线截面积、颜色是否符合要求，是否连接可靠；电机保护的断路器额定整定值是否与电机一致，各级熔断器的熔体是否符合控制要求。

(2) 用万用表检查交流电源和直流电源正负极之间是否存在短路现象。特别对于电柜内的 PLC、变频器、调速装置等控制系统的供电电源和接线要重点检查，以免因为错误导致严重的损失。

(3) 通过机床的说明书熟悉 C516A 车床电气控制的原理及控制要求，弄清它们之间的逻辑关系。

2. 电气控制柜的调试

(1) 在通电前先断开所有的断路器和熔断器(控制回路)。

(2) 合上电柜主空开后，根据原理图分别按顺序合上断路器和熔断器，调试各种控制电源。

(3) PLC 上电后就可以把编写好的程序下载到系统并进行调试。由于机床上的检测信号没有接入电柜，调试时根据需要进行强制模拟运行即可。

(4) 按照机床各部分功能分别进行调试。在调试的时候，采用接触器控制的交流电机可不进行连接，只要动作符合控制要求即可。

3. 与机床的联机调试

(1) 在通电前用万用表主要检查电机电源之间是否存在短路和断路现象，以及与地之间是否存在短路。

(2) 检测电动机及线路的绝缘电阻，清理安装场地。

(3) 为实现机床功能，除了电气控制以外，其与机械的传动机构和液压控制有着密切的联动关系，这就需要机械人员配合完成。

(4) 通电以后检查各限位开关是否正确接入到 PLC 的输入，并通过编程使之起到应有的逻辑保护作用。

(5) 接通电源开关，点动控制各电动机启动，以检查电动机的转向是否符合要求。

(6) 通电空转试验时，应认真观察各电气元件、线路、电动机及传动机构的工作情况是否正常。如不正常，应立即切断电源进行检查，在调整或修复后方能再次通电试车。

习　　题

1. 利用 PLC 对机床控制进行技术改造的常用方法是什么？
2. S7-200PLC 的系统有哪些主要特点？
3. 对 C516A 单柱立式车床进行 PLC 技术改造后，通电前的准备工作有哪些？
4. C516 型立式车床主要运动有哪些？各有什么拖动要求？
5. 描述主拖动电动机 ZD 停车制动控制过程。

第 5 章　840Dsl 数控系统在重型数控卧车上的应用

5.1　机床改造前的状况

SAFOP LEONARD 100/2700 重型卧车是世界著名的机床制造厂商意大利 SAFOP 公司于 20 世纪 90 年代生产的产品，该设备主要用于大型旋转类零部件的加工，广泛用于汽轮机、发电机等转子的加工，精度好、加工效率高，其电气配置如下：

系统为 SINUMERIK 840C。

X 轴电机为 1FT6134-6AC71-1AA0(额定转速 2000 r/min, Mo=95 N·m, Mn=65 N·m)。

Z 轴电机为 1FT6134-6SC71-1AA0(额定转速 2000 r/min, Mo=140 N·m, Mn=125 N·m)。

X1/X2 轴电机均为 1FT6084-8AC71-1AB0(额定转速 2000 r/min, Mo=20 N·m, Mn=16.9 N·m, 带抱闸)。

主轴电机为 200 kW/400 V 直流电机。

X/Z/X1/X2/SP 轴为全闭环，X 轴和 Z 轴为海德汉直线光栅反馈，X1/X2/SP 轴为编码器反馈。

由于该设备使用年限较长，机械精度虽保持较好，但电气元件已老化，故障率增加，会影响设备的正常使用。

5.2　硬件的选择和配置

5.2.1　系统的选择

1. 系统的选择

根据用户的要求和该设备的原配置，为了恢复该设备正常使用并保持其可靠性，本次改造对该机床的所有电气元件进行了更新。

系统选用西门子公司推出的 SINUMERIK 840Dsl 数控系统，可将 CNC、HMI、PLC、驱动闭环控制和通信功能有机地集成于 1 个 NCU 中。它与 SINAMICS S120 电机模块通过 DRIVE-CLiQ 驱动总线连接，通信与扩展功能及抗干扰能力强。内置 PLC 型号为 PLC 317-3DP/PN。

目前 840Dsl 数控系统的 NCU 有 3 挡，即 NCU710.3 PN, NCU720.3 PN, NCU730.3 PN,

功能其依次加强。根据该设备的配置和要求，在满足功能的情况下考虑性价比，最终选用
NCU710.3 PN，最多控制轴数为 8 个，最大通道数为 2 个，电流控制周期和速度控制周期
均为 8 kHz。

2. 840Dsl 系统组件的选择

(1) PCU 选用 PCU50.5-C，该 PCU 采用 Intel P4505 处理器，内存为 4 GB SDRAM，具
有 1 个 COM1 串口、4 个 USB2.0 接口、2 个 10/100/1000 Mb/s RJ45 双绞线以太网口以及 1
个 DVI 视频信号输出口。

(2) 操作面板选用 OP015A，显示屏为 15.1 英寸 TFT 液晶显示屏。

(3) 机床控制面板选用 MCP 483C PN，可通过 PROFINET/工业以太网与 NCU710.3 PN
的 X120 口连接。

(4) 配置一个 HT2 手持单元方便操作对刀，HT2 是自带 CPU 的操作终端，它带有 20
个薄膜按键，所有按键都可以由用户自由定义，具有支持 168×72 像素分辨率的 LCD 显示
屏，最多可显示 4 行×16 个字符，通过该终端可以与 OP015A 同步显示各进给轴和主轴的
位置。HT2 通过 PN 转接盒与 NCU 相连。PN 转接盒可通过内部的 DP 地址开关设置其 IP
地址。

5.2.2　伺服电机和电机模块的选择

伺服电动机的选择主要考虑力矩、惯量和速度及安装等多种因素。

电动机要承受这恒定的负载转矩和切削力矩(包括摩擦力矩)及加/减速力矩两种形
式的力矩。负载惯量对电机的控制特性和快速移动的加/减速时间都有很大影响。负载
惯量增加时，可能出现以下问题：指令变化后，需要较长的时间达到新指令指定的速
度。若机床沿着两个轴高速运动加工圆弧等曲线，会造成较大的加工误差。所以，在
电机选型时一定不能只看额定扭矩和静态扭矩，还要考虑新电机的惯量与原有电机的
惯量的差距不易过大。同时，还要考虑电机的额定速度，这与机床进给轴的快进速度
有关，如果新电机的额定速度比原电机小，有可能导致该进给轴的快进速度达不到原
机床的性能指标。

电机的选择还需考虑以下因素：是否带抱闸制动，电机的防护等级是否满足要求，电
机是否带键，安装空间是否受限。需尽可能保持原电机的特性，以免增加改动工作量，甚
至无法满足安装要求。

基于以上原则，本次改造对该设备的选型如下：

X 轴电机为 1FT6134-6AC71-1DA0(额定转速 2000 r/min，Mo=95 N·m，Mn=65 N·m，
带 DRIVE-CLiQ 口)。

Z 轴电机为 1FT6134-6SC71-1DA0(额定转速 2000 r/min，Mo=140 N·m，Mn=125 N·m，
带 DRIVE-CLiQ 口)。

X1/X2 轴电机均为 1FT6084-8AC71-1DB0(额定转速 2000 r/min，Mo=20 N·m，
Mn=16.9 N·m，带抱闸，带 DRIVE-CLiQ 口)。

根据以上电机的配置，分别选择电机模块如下：

X 轴电机模块为 6SL3120-1TE24-5AA3(额定输出电流 45 A)。

Z 轴电机模块为 6SL3120-1TE26-0AA3(额定输出电流 60 A)。

X1/X2 轴电机模块为 6SL3120-2TE21-0AA3(额定输出电流 2×9 A)。

5.2.3　S120 电源部分直流母线组件的选择

S120 电源部分整流装置包括 3 种。

(1) 回馈整流装置(SLM)：独立非稳压整流/再生回馈单元(二极管电桥负责进线整流，通过 IGBT 实现回馈)。

(2) 有源整流装置(ALM)：自整流回馈/再生回馈单元(带双向 IGBT)驱动的动态性能更好，降低了进线电压谐波，对电网系统的波动起到了稳定作用，使得允许范围内的电源电压波动不会对电机电压产生影响。

(3) 基本整流装置(BLM)：无再生回馈，非稳压直流母线电压，只能将电能从电网馈入直流母线，不能反向回馈。

有源滤波装置 AIM 包含一个清洁输入滤波器，并具有基本的干扰抑制功能，为了提高系统运行的稳定性，本次改造选择有源滤波装置(AIM)及有源整流装置(ALM)组合的电源整流回路，根据所带驱动与电机容量，再考虑同步系数，选用 36 kW 容量的 AIM+ALM 组合功能单元。

5.3　项 目 实 施

5.3.1　主轴控制

原主轴电机为直流电机，容量为 200 kW/400 V 直流电机。由于原电机状态尚可，只是原 ANSALDO 直流控制装置使用年限较长，电子元件老化，故障率增加，故根据用户的要求，保留原主轴直流电机，将控制装置更新为西门子的 6RA7085-6DV62 系列直流装置。而 840Dsl 数控系统对主轴的有机控制是通过 PROFIBUS-DP 通信实现的，需配置一个 ADI4 模块(4 轴模拟量驱动接口模块)将系统计算出的速度设定点经过 D/A 转换成±10 V 模拟量信号，用以控制直流驱动装置，同时也可将外部位置反馈元件(例如主轴位置编码器)采集的位置实际值反馈到数控系统中。

ADI4 支持 4 个 TTL 信号制式的增量测量装置或 4 个 SSI 接口绝对值测量装置，带有 4 个用于轴 1～4 驱动装置使能的继电器触点、10 个驱动专用数字输入、10 个数字输出以及 4 个状态诊断 LED 指示灯，PROFIBUS-DP 通信速率可达 12 Mb/s。

ADI4 上的 DIP 开关 S2 用于设置其 PROFIBUS-DP 地址(1～127)，S2 的 bit8 位未使用，bit1～bit7 位分别对应 $2^0 \sim 2^6$，S2 设定后需重新上电一次才能生效。

5.3.2　检测装置的配置

直接检测元件主要有直线光栅尺、圆光栅和旋转编码器等，按信号制式可分为增量型(含 TTL、HTL、1VPP 等)、增量带距离编码型以及绝对值型(含 SSI、EnDat、PROFIBUS-DP

等)。常用的品牌有德国 HEIDENHAIN、西班牙 FAGOR 和德国西门子等。

增量型检测元件的位置数据通常不存储在控制器中，断电后其位置丢失，所以在每次系统上电后，增量型(含带距离编码型)检测元件先要执行回参考点操作。而绝对值检测元件在第一次使用时，除建立参考点标记外的其它状态下断电时也能记忆位置值，不需要重新执行回参考点操作，即使断电期间意外发生了位移，检测元件也能自动跟踪其位置值。

光栅尺光刻线材料有玻璃和钢带 2 种，根据不同的精度要求其分辨率可达 0.1 μm、0.5 μm 和 1 μm。圆光栅用来检测旋转部件位移，光刻线材料为玻璃盘片，根据不同的精度要求其分辨率可达 1 μm 或 2 μm。

直线光栅尺在选型时要考虑如下主要因素：

(1) 精度要求。

(1) 安装环境。

(3) 安装空间，受机械空间位置限制的场合需选外形尺寸合适的反馈元件。

(4) 使用场合，例如，对于一个行程较长的轴，在使用全闭环时，选用距离编码信号的反馈元件是合理的，因为虽然距离编码信号的反馈元件在重新上电后也需参考点，但只需运行较短的距离即可。

(5) 有效测量长度。

基于以上考虑，参照原机床配置，X 轴配置 LS487C 带距离编码型光栅尺，ML=1640 mm；Z 轴配置 LB382C 型光栅尺，ML=12840 mm；X1/X2 分别配置一个 6FX2001-3CC50(2500 线 1VPP 信号)编码器，构成全闭环；主轴位置编码器 6FX2001-2CC50(2500 线 TTL 信号)，该信号进入 ADI4 模块，通过总线进入数控系统。

根据以上要求，需配置 4 个 SMC20，同时还需配置一个 DRIVE-CLIQ 集线器 DMC20，并将以上四路全闭环信号通过一根 DRIVE-CLIQ 电缆传递给控制单元。

5.3.3　PLC 的配置

根据机床的检测点及控制输出回路确定输入/输出点数量，该设备配置 18 个输入模块、12 个输出模块及 4 个 IM153-1 接口模块，这些接口模块之间及其与 NCU 之间通过 PROFIBUS 总线相连，由于电柜与操作站之间距离较远，在操作站设立一个从站，将操作站上的按钮、指示灯等的控制就近进入从站，这样既可减少布线的线缆，又可提高控制的可靠性，减少因线缆太长，导致信号衰减、线缆老化而出现故障。

5.3.4　设备的调试

1. 设备调试前的准备工作

(1) 根据技术协议要求，完成整体电气原理图设计。

(2) 提出采购清单并进行电柜和操作箱的布局，电柜和操作站应确保生产完毕。

(3) 应完成整机机床机械液压部分的完善和电气现场的安装和检查工作。

(4) 安装工具、软件。将 SIEMENS 系统订货中所提供的 TOOLBOX 光盘中的 4 个软件

(PLC Basic program for SINUMERIK 840Dsl/SINUMERIK Add-on for STEP7/NCVar Selector/PLC Symbols Generator)进行安装，补充升级 STEP7 PLC 编程软件，并安装 PROFIBUS 部件的 GSD 文件。

2. 设备的调试

1) 840Dsl 数控系统的调试流程

在第一次调试时，需执行一次 NC/PLC 的总清，NCK 面板如图 5-1 所示。

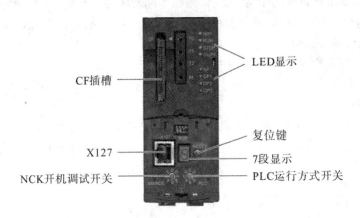

图 5-1　NCK 面板

（1）将 NCU 面板上的 NCK 开机调试开关(标签 SIM/NCK)置"1"位，同时将 PLC 运行方式开关置"3"位。

（2）执行上电，等待至 NCU 面板持续显示：STOP 灯闪烁，SF 灯亮。

（3）将 SIM/NCK 拨回"0"位，在 3 s 内将 PLC 运行方式开关置"2"位，然后返回"3"位，等待 STOP 灯常亮为黄色，再将 PLC 开关旋至"0"位。

（4）正常启动后 NCU 面板状态指示屏显示"6"、右下角有一个闪烁点，且 RUN 绿灯常亮，表示 NCK 与 PLC 全清完成。

2) 语言、密码、时间和日期的设置

语言设置为"Simplified Chinese-简体中文"，推荐设置密码为"SUNRISE"，即制造商级别。

3) 机床配置和方式组/通道/轴

系统互联图如图 5-2 所示。

由于有 X/Z/X1/X2/SP 共 5 个数控轴，而系统标配为 3 个，所以另外 2 个作为选件要订货并在机床配置中进行设定，设定界面如图 5-3、图 5-4 所示。

在"Addtionally 1 axis/spindle 6FC5800-0AA00-0YB0"后的设定栏中写入"2"，然后执行 NC 复位后，即可生效。

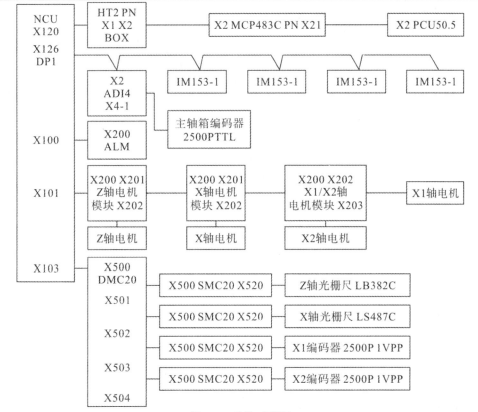

图 5-2　系统互联图

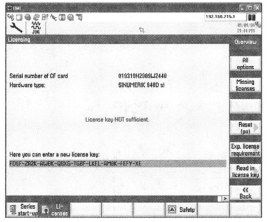

图 5-3　选件在机床配置中进行设定 1

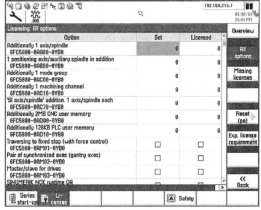

图 5-4　选件在机床配置中进行设定 2

通用数据和通道数据进行如下设定：

10000[0]	$MN_AXCONF_MACHAX_NAME_TAB	X
10000[1]	$MN_AXCONF_MACHAX_NAME_TAB	Z
10000[2]	$MN_AXCONF_MACHAX_NAME_TAB	X1
10000[3]	$MN_AXCONF_MACHAX_NAME_TAB	X2
10000[4]	$MN_AXCONF_MACHAX_NAME_TAB	SP
20050[0]	$MC_AXCONF_GEOAX_ASSIGNE_TAB	1

20050[1]	$MC_AXCONF_GEOAX_ASSIGNE_TAB	0
20050[2]	$MC_AXCONF_GEOAX_ASSIGNE_TAB	2
20060[0]	$MC_AXCONF_GEOAX_NAME_TAB	X
20060[1]	$MC_AXCONF_GEOAX_NAME_TAB	Y
20060[2]	$MC_AXCONF_GEOAX_NAME_TAB	Z
20070[0]	$MC_AXCONF_MACHAX_USED	1
20070[1]	$MC_AXCONF_MACHAX_USED	2
20070[2]	$MC_AXCONF_MACHAX_USED	3
20070[3]	$MC_AXCONF_MACHAX_USED	4
20070[4]	$MC_AXCONF_MACHAX_USED	5
20080[0]	$MC_AXCONF_CHANAX_NAME_TAB	X
20080[1]	$MC_AXCONF_CHANAX_NAME_TAB	Z
20080[2]	$MC_AXCONF_CHANAX_NAME_TAB	X1
20080[3]	$MC_AXCONF_CHANAX_NAME_TAB	X2
20080[4]	$MC_AXCONF_CHANAX_NAME_TAB	SP
20100	$MC_DIAMETER_AX_DEF	X

由于该机床为车床，所以要定义 X 轴为直径编程。

以上设定完成后系统上电生效，这样在轴参数画面上就会显示以上定义的轴名。对各轴进行类型设置，除 SP 为主轴/旋转轴外，其余 4 轴均为直线轴。

进入第 5(SP)轴设定画面，主轴定义如下参数：

30300	$MA_IS_ROT_AX	1
30310	$MA_ROT_IS_MODULO	1
30320	$MA_DISPLAY_IS_MODULO	1
35000	$MA_ SPIND_ASSIGN_TO_MACHAX	1

设定完成后，执行 NCK 复位，参数生效。

4) 完成计算机的通信设置和 PLC 的硬件组态

(1) 在计算机"控制面板"中启动"Set PG/PC Interface"，如图 5-5 所示。

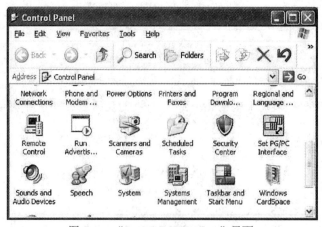

图 5-5　　"Set PG/PC Interface"界面

(2) 选择"SINUMERIK_CP"，如图 5-6 所示。

(3) 选择所用的计算机网络适配器，如图 5-7 所示。

图 5-6　选择"SINUMERIK_CP"　　　　　　图 5-7　选择计算机网络适配器

(4) 硬件配置。

将计算机与 NCU 的 X127 口通过网线连接起来，X127 口的 IP 地址为 192.168.215.1，子网掩码为 255.255.255.224，计算机侧设为自动获取 IP 地址即可。

NCU710.3 内置的 PLC CPU 类型为 PLC 317F-3 PN/DP，NCU 的 X126 口为 DP1，即 PROFIBUS 1，X136 口为 DP2/MPI(默认为 MPI 口)，PROFIBUS 3 是 NC 系统与 SINAMICS 驱动通信的总线，此部分不需修改。如果项目中轴数较多而使用了 NX 板，那么需要在 PROFIBUS 3 上配置 NX 板。

在硬件配置中双击 CP 840Dsl，可设定 X127 口的 IP 地址和子网掩码。硬件配置中，接口模块的 PROFIBUS 地址要与硬件上拨码开关地址相同。硬件配置如图 5-8 所示。

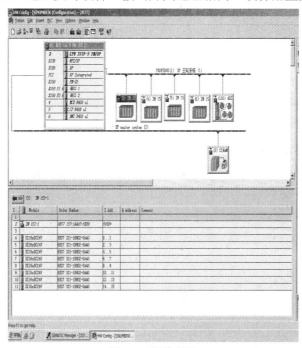

图 5-8　硬件配置

主轴 ADI4 模块的配置如下：

在图 5-8 所示的界面下双击"(110)ADI4"即可进入 ADI4 配置画面，可进行报文表的配置，并对编码器参数进行设定，如图 5-9、图 5-10 所示。

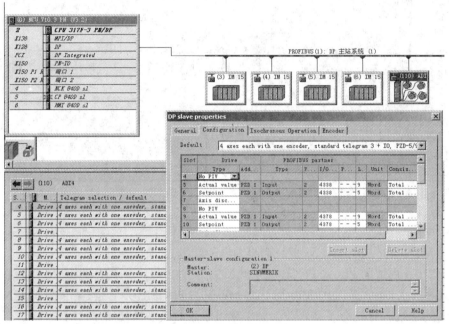

图 5-9　主轴 ADI4 模块的配置

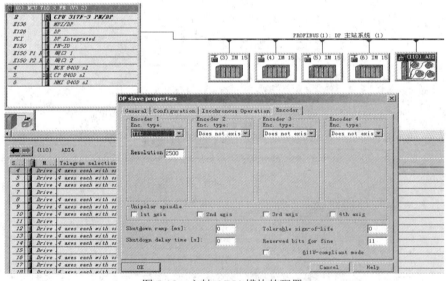

图 5-10　主轴 ADI4 模块的配置

将设定好的硬件配置下载，然后重启 PLC。与此同时，设定机床数据如下：

MD13050 $MN_DRIVE_LOGIC_ADDRESS[4]=4338

MD13060 $MN_DRIVE_TELEGRAM_TYPE[4]=3

MD13070 $MN_DRIVE_FUNCTION_MASK[4]=H800

MD13080 $MN_DRIVE_TYPE_DP[4]=4

5) 驱动固件更新和配置

系统首次进行调试时，会自动出现 120402 "总线%1。从机%2:%3:SINAMICS 首次开机调试！"等报警。驱动系统驱动完毕后，系统会自动进入自动配置驱动系统界面，询问是否要进行自动配置驱动系统，单击"确定"，系统开始检测并配置 DRIVE-CLiQ 总线上的驱动装置(包括电源模块、电机模块、SMC 模块、NCU/NX 模块等)。待检测完毕，系统会提示要进行 NCK 复位，单击"确定"进入系统热启动。

热启动完毕，系统会提示可进入电源与驱动的调试，可通过"开机调试"→"驱动系统"→"电源"进入电源参数配置界面。

在电源参数配置界面中，单击"更改"按钮，系统会自动识别 S120 电源模块的型号，确认无误后按"继续"按钮，进入相应的电抗与滤波装置设置界面，此处选择"36KW AIM"模块，然后根据提示信息，完成并保存电源配置数据。

电源配置完成后，通过"开机调试"→"驱动系统"→"驱动设备"进入驱动参数配置(拓扑结构识别)界面。

驱动配置用于设定各轴对应的电机、测量装置以及接口信号制式。对于配置 DRIVE-CLiQ 接口的西门子电机，直接确认系统自动识别的型号即可。

在驱动配置界面中单击"更改"按钮，系统会自动识别 S120 电机模块的型号，此时可选复选框选项"开关电机模块的 LED，使其闪烁用于识别"，相应的电机模块指示灯就会自动闪烁，表示当前配置的对象就是这个模块。然后在列表中选择相应的电机型号并选择是否带抱闸，同时选定电机编码器。

对于全闭环来说，配置完成电机编码器以后，需通过配置相关驱动的第二编码器完成全闭环配置。

第二反馈回路的编码器(或光栅尺)的参数配置有多种选项。如果第二反馈回路的编码器为绝对值编码器或带 DRIVE-CLiQ 接口的编码器，其参数系统可自动识别，其他的增量编码器需人工输入参数，如图 5-11、图 5-12 所示。

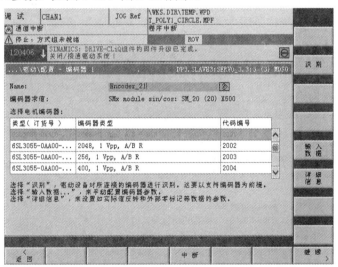

图 5-11　增量编码器人工输入参数 1

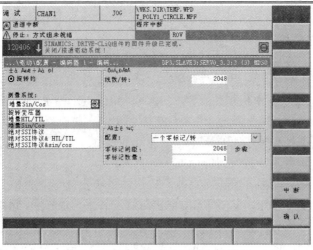

图 5-12　增量编码器人工输入参数 2

6) NC 轴的分配

驱动配置完毕后，驱动需要与 NC 系统的轴参数相对应，即需配置轴参数的驱动逻辑地址。选择需要分配的驱动，此处选择"分配轴"。然后选择该驱动需要绑定的 NC 轴。NC 轴的分配过程如图 5-13、图 5-14 所示。

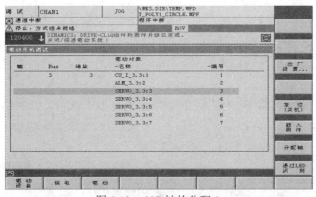

图 5-13　NC 轴的分配 1

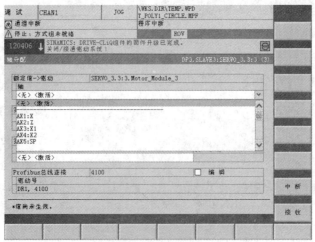

图 5-14　NC 轴的分配 2

该机床最终的配置如图 5-15 所示。

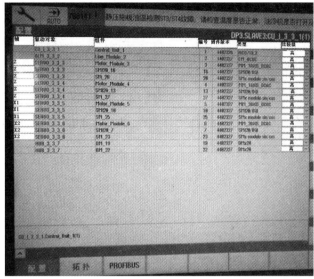

图 5-15　机床最终的配置

7) NC 机床数据的配置

MD30110　CTRLOUT_MODULE_NR：设定值指定为驱动器号、模块号。

MD30130　CTRLOUT_TYPE：设定值输出类型分别为 "0" 表示设定值输出不激活，"1" 表示设定值输出激活。

MD30200　NUM_ENCS：测量反馈装置数量。

MD30220【0-1】　ENC_MODULE_NR：实际值指定为驱动器号/测量反馈装置号。

MD30240【0-1】　ENC_TYPE：测量装置信号类型。

MD30300　IS_ROT_AX："1" 表示轴为旋转轴，"0" 表示轴为直线轴。

MD30310　ROT_IS_MODULE：旋转轴是否模态。

MD30320　DISPLAY_IS_MODULE：显示是否模态。

MD30330　MODULE_RANGE：模态显示最大值。

MD31000【0-1】 ENC_IS_LINEAR："0" 表示旋转测量装置，"1" 表示直线测量装置。

MD31010【0-1】 ENC_GRID_POINT_DIST：直线测量装置电子分割点距离。

MD31020【0-1】 ENC_RESOL：旋转测量装置每圈脉冲数。

MD31030【0-1】 LEADSCREW_PITCH：丝杠螺距。

MD31040【0-1】 ENC_IS_DIRECT：是否为直接测量装置。

MD31050【0-5】 DRIVE_AX_RATIO_DENOM：机械传动链传动比的分母。

MD31060【0-5】 DRIVE_AX_RATIO_NUMERA：机械传动链传动比的分子。

MD31070【0-1】 DRIVE_ENC_RATIO_DENOM：测量装置连接齿轮对传动比的分母。

MD31080【0-1】 DRIVE_ENC_RATIO_NUMERA：测量装置连接齿轮对传动比的分子。

MD32000 MAX_AX_VELO：轴最大速度。

MD32010 JOG_VELO_RAPID：轴 JOG 快移速度(倍率为 100%时)。

MD32020 JOG_VELO：轴 JOG 点动速度(倍率为 100%时)。

MD32100 AX_MOTION_DIR：轴移动方向。

MD32110【0-1】 ENC_FEEDBACK_POL：测量装置信号反馈方向，索引号"0""1"分别对应测量装置1、2。

MD32000【0-5】 POSCTRL_GAIN：位控增益系数 KV 值，索引号"0"是对应非攻丝且非螺纹切削时有效的参数，通常将索引号"0"参数值与索引号"1"参数值设成一致的。

MD32250 RATED_OUTVAL：速度为 MD32260 时的输出电压相对于最大输出电压的百分比。

MD32260 RATED_VELO：电机额定速度。

MD32300【0-4】MAX_AX_ACCEL：轴最大加速度，索引号"0"～"4"分别对应DYNNORM (标准动态模式)、DYNPOS(定位轴或攻丝模式)、DYNROUGH(粗加工模式)、DYNSEMIFIN (半精加工模式)以及 DYNFINISH(精加工模式)下的动态响应参数。

MD32450【0-1】 BACKLASH：反向间隙补偿值。

MD32700【0-1】 ENC_COMP_ENABLE：激活螺距误差补偿。

MD34000 REFP_CAM_IS_ACTIVE：激活轴参考点减速开关。

MD34010 REFP_CAM_DIR_IS_MINUS：寻找参考点的方向为负向。

MD34020 REFP_VELO_SEARCH_CAM：寻找参考点减速开关的速度。

MD34030 REFP_MAX_CAM_DIST：寻找参考点减速开关的最大行程。

MD34050【0-1】 REFP_SEARCH_MARKER_REVERSE：相反方向寻找参考点标示(该参数对距离编码的增量测量轴无作用)。

MD34060【0-1】 REFP_MAX_MARKER_DIST：寻找参考点标示的最大行程(对电机编码器反馈的半闭环轴而言，在通过计算编码器转 1 圈时轴的行程的放大值作为设定值；对光栅尺等直接测量装置而言，直接设定为 2 倍零标识间距)。

MD34070 REFP_VELO_POS：参考点定位速度(发现零标识后到达参考点位置期间的速度)。

MD34200【0-1】 ENC_REFP_MODE：轴返参考点模式(对于不带距离编码的增量测量装置，值=1；对于带距离编码的增量测量装置，值=3)。

MD34300【0-1】ENC_REFP_ MARKER_DIST：参考点标识距离(设定 2 个参考点标识间距) 。

MD34310【0-1】ENC_ MARKER_INC：距离编码的增量测量装置 2 个刻度码组的间距。

MD34320【0-1】ENC_INVERS：距离编码的增量测量装置寻找参考点标示方向。

MD35000 SPIND_ASSIGN_TO_MACHAX：分配主轴(该值为 1 时，该轴为主轴)。

MD35010 GEAR_STEP_CHANGE_ENABLE：换挡有效(当该参数值为 H0 时，表明该轴只有 1 个挡位，M40～M45 无效；当该参数值为 H1 时，表明该轴可以在任意位置换挡，最多支持 5 个挡位，可通过 M40～M45 激活换挡信号，支持 PLC 激活摆动功能)。

MD35090 NUM_GEAR_STEPS：齿轮挡位数。

MD35100 SPIND_VELO_LIMIT：主轴极限速度。

MD35110【0-5】 GEAR_STEP_MAX_VELO：M40 自动换挡时各挡位最大速度。

MD35120【0-5】 GEAR_STEP_MIN_VELO：M40 自动换挡时各挡位最小速度。

MD35130【0-5】 GEAR_STEP_MAX_VELO_LIMIT：各挡位最大限速。

MD35140 【0-5】 GEAR_STEP_MIN_VELO_LIMIT：各挡位最小限速。

MD35150　SPIND_DES_VELO_TOL：主轴转速容差。

MD35200【0-5】GEAR_STEP_SPEEDCTRL_ACCEL：主轴速度模式时各挡位的加速度。

MD35350 SPIND_POSITIONING_DIR：主轴定向时的旋转方向。

MD35400 SPIND_OSCILL_DES_VELO：摆动模式时的主轴速度(该参数与挡位无关)。

MD35410 SPIND_OSCILL_ACCEL：摆动模式时的主轴加速度(该参数与挡位无关)。

MD35430 SPIND_OSCILL_START_DIR：摆动模式时的主轴旋转启动方向(通过 PLC 摆动时该参数无效)。

MD35440 SPIND_OSCILL_TIME_CW：主轴摆动时 M3 方向的时间(通过 PLC 摆动时该参数无效)。

MD35450 SPIND_OSCILL_TIME_CCW：主轴摆动时 M4 方向的时间(通过 PLC 摆动时该参数无效)。

MD35500 SPIND_ON_SPEED_AT_IPO_START：主轴速度到达给定值才能激活进给率。主轴速度=0 时，不检测主轴速度是否到达；主轴速度=1 时，当主轴实际速度不在给定值 *(1±MD35150)范围内时，轴插补被禁止，轴定位不禁止，但轮廓加工 G64 模式时不受影响。

MD35510 SPIND_STOPPED_AT_IPO_START：主轴静止时是否允许轴插补(主轴静止=1 时，在主轴控制模式下，如主轴停止，进给插补被禁止，轴定位不禁止)。

MD36000 STOP_LIMIT_COARSE：粗停误差。

MD36010 STOP_LIMIT_FINE：精停误差。

MD36030 STANDSTILL_POS_TOL：静止误差带。

MD36100 POS_LIMIT_MINUS：轴负向第 1 软限位值。

MD36110 POS_LIMIT_PLUS：轴正向第 1 软限位值。

MD36400 CONTOUR_TOL：轮廓监控误差带。

8) PLC 的编辑与调试

PLC 的调试分两步进行。

(1) 调试基本程序，包括 MCP 控制、HT2 控制、急停、倍率、机床启动/停止、轴/主轴使能控制等。

840DSL 中 PLC 接口信号包括 DB2～DB61 等方面。

DB2——服务于 FC10 功能块的数据块，用于数控系统报警与信息的显示。

DB10——通用的接口信号。

DB11——方式组接口信号。

DB21～DB30——通道接口信号。

DB31～DB61——轴接口信号。

激活 MCP 及 HT2 的程序主要包括 OB1、OB100 等。

```
    OB1:
    CALL FC168                          //HT2 控制程序块
        BHG_on_condition  : = "HT2 使能键"   //手持单元有效
        BHG_stop          : =FALSE
        Inch              : =FALSE          //英制
```

```
        BHG_activ              : = "手持有效"            //手持单元已激活
        BAGNo                  : =MB250                 //当前通道分配的方式组
        Menu                   : =MB252                 //HT2 菜单级别
        ChanNo                 : =MB254                 //通道号
    CALL "MCP_IFM"                                      //FC19，车床标准面板
        BAGNo                  : =B#16#1
        ChanNo                 : =B#16#1
        SpindleIFNo            : =B#16#5                //主轴为第 5 轴
        FeedHold               : = "Feed_Enanle"
        SpindleHold            : = "Sp_ Enanle"


    OB100：
        CALL   "RUN_UP" ,  "gp_par"        //FB1
        MCPNum                 : =1                      //MCP 数量
        MCP1In                 : =P#I 100.0              //MCP1 的输入映像区的起始地址指针
        MCP1Out                : =P#Q 100.0             //MCP1 的输出映像区的起始地址指针
        MCP1StatSend           : =P#Q 108.0             //MCP1 的状态发送起始地址指针
        MCP1StatRec            : =P#Q 112.0             //MCP1 的状态接收起始地址指针
        MCP1BusAdr             : =192                    //MCP1 的站地址
        MCP1Timeout            : =                       //MCP1 信号扫描监控时间
        MCP1Cycl               : =                       //MCP1 通信循环扫描监控时间
        MCP2In                 : =P#I 120.0              //MCP2 的输入映像区的起始地址指针
        MCP2Out                : =P#Q 120.0             //MCP2 的输出映像区的起始地址指针
        MCP2StatSend           : =P#Q 128.0             //MCP2 的状态发送起始地址指针
        MCP2StatRec            : =P#Q 132.0             //MCP2 的状态接收起始地址指针
        MCP2BusAdr             : =2                      //MCP2 的站地址
        MCP2Timeout            : =                       //MCP2 信号扫描监控时间
        MCP2Cycl               : =                       //MCP2 通信循环扫描监控时间
        MCPMPI                 : =                       //通常设为 FALSE
        MCP1Stop               : =
        MCP2Stop               : =
        MCP1NotSend            : =
        MCP2NotSend            : =
        MCPSDB210              : =
        MCPCopyDB77            : =
        MCPBusType             : =B#16#55               //B#16#55：MCP 通过以太网通信
        BHG                    : =5                      //HT 通过以太网通信
        BHGIn                  : =P#M 300.0             //HT 的输入映像区的起始地址指针
        BHGOut                 : =P#M 320.0             //HT 的输出映像区的起始地址指针
        BHGStatSend            : =
        BHGStatRec             : =
        BHGInLen               : =
        BHGOutLen              : =
```

```
BHGTimeout            : =
BHGCycl               : =
BHGRecGDNo            : =2              //HT 接收的 GD 循环号，默认 2
BHGRecGBZNo           : =
BHGRecObjNo           : =
BHGSendGDNo           : =
BHGSendGBZNo          : =
BHGSendObjNo          : =
BHGMPI                : =
BHGStop               : =
BHGNotSend            : =
NCCyclTimeout         : =
NCRunupTimeout        : =
ListMDecGrp           : =
NCKomm                : =TRUE          //为 TRUE 时，通过 FB2/FB3/FB4/FB5/FB7 与
                                       NC 通信功能激活
MMCToIF               : =
HWheelMMC             : =
ExtendAlMsg           : =              //=FASLE 时，DB2 的数据结构与含义与 840Dsl
相同，=FASLE 时，DB2 的数据结构与含义不同
MsgUser               : =              //定义 DB2 中用户信息区域的数量
UserIR                : =              //在 OB40 中执行用户中断处理程序
IRAuxfuT              : =
IRAuxfuH              : =
IRAuxfuE              : =
UserVersion           : =
OpKeyNum              : =
Op1KeyIn              : =
Op1KeyOut             : =
Op1KeyBusAdr          : =
Op2KeyIn              : =
Op2KeyOut             : =
Op2KeyBusAdr          : =
Op1KeyStop            : =
Op2KeyStop            : =
Op1KeyNotSend         : =
Op2KeyNotSend         : =
OpKeyBusType          : =
IdentMcpBusAdr        : =
IdentMcpProfilNo      : =
IdentMcpBusType       : =
IdentMcpStrobe        : =
MaxBAG                : =
```

```
MaxChan              : =
MaxAxis              : =
ActivChan            : =
ActivAxis            : =
UDInt                : =
UDHex                : =
UDReal               : =
IdentMcpType         : =
IdentMcpLengthIn     : =
IdentMcpLengthOut    : =
```

以上程序中，FC168 为西门子公司提供的标准 HT2 应用程序，相关的数据块为 DB168 和 DB169。其中，DB169 为 FC168 中调用的 FB2 的背景数据块，相关的数据结构定义有 UDT400、UDT401、UDT402、UDT3100、UDT3101、UDT4830、UDT4831，将其复制到项目文件中，并将 FC168、DB168 和 DB169 都装载到 PLC 的 CPU 中。

根据本机配置，DB168 的设定如图 5-16 所示。

DB168 -- "HT2" -- 2077\SINUMERIK\CPU 317F-3 PN/DP\...\DB168

Address	Name	Type	Initial value
0.0		STRUCT	
+0.0	aux_bits	ARRAY[0..5]	
*1.0		BYTE	
+6.0	MachineAxisName	ARRAY[0..31]	'X ', 'Z ', 'X1 ', 'X2 ', 'SP'
*6.0		STRING[3]	
+198.0	ModeGroup	ARRAY[0..9]	1
*2.0		INT	
+218.0	ChannelName	ARRAY[0..9]	'Channel1'
*12.0		STRING[10]	
+338.0	xconf_ch1	ARRAY[0..11]	1, 2, 3, 4, -5
*2.0		INT	
+362.0	xconf_ch2	ARRAY[0..11]	
*2.0		INT	

图 5-16　DB168 的设定

(2) 编写机床控制逻辑程序，包括主轴换挡、液压启动、润滑控制、冷却、排屑、连锁保护、M/H/S 指令的处理等。

9) 用户报警文本的创建

报警和消息对于操作人员和维护人员获取机床的工作状态是很重要的，必须合理的编制报警信息。

PLC 接口信号 DB2 用于激活报警消息。为使用报警系统，必须在用户 PLC 程序中调用和设置 FC10 的参数。

```
CALL FC10
ToUserIF：=TRUE
Quit     ：=I3.7      //MCP 上复位键地址
```

FC10 的参数 ToUserIF ：=FALSE 时，对于 5*****～6*****之间的报警与消息，控制器不自动发出进给保持或读入禁止等信号，由设备调试人员自行处理实现。

FC10 的参数 ToUserIF：=TRUE 时，对于 5*****～6*****之间的报警与消息，控制器自动发出进给保持或读入禁止等信号。

红色文本表示报警被分类为错误信息，蓝色文本表示报警被分类为操作信息。

错误信息激活后会显示在"Alarm list"界面中，需要确认才会清除。操作信息激活后会显示在"Messages"界面中，一旦其对应的接口位为"0"，会自动消除。

对于"7*****"的报警由设计人员自行定义，但激活后是属于错误消息(EM)还是操作员消息(OM)，系统已根据其接口位确定。

报警文本的生成方法包括在 HMI 界面上直接创建报警文本或在计算机上编写报警文本。

从计算机上编写报警文本较方便，从系统"/siemens/sinumerik/hmi/template/Ing"的目录下拷贝名为"oem_alarm_deu.ts"的文件到计算机上，将文件名改为"oem_alarm_chs.ts"，其中"chs"表明可以用中文编辑报警。

文件格式如下：

```
<!DOCTYPE TS>
<TS>
    <context>
        <name>slaeconv</name>

    <message>
        <source>510116/PLC/PMC</source>
        <translation>主轴正在换挡</translation>
    </message>
    </context>
</TS>
```

将编辑好的文件拷贝到系统"/oem/sinumerik/hmi/Ing"或"/user/sinumerik/hmi/Ing"目录下，HMI 上电重启即可生效。

10) 伺服优化

当机床缺省设定不能满足要求时，需要对各轴进行优化调整，优化单个轴的顺序是：电流环(1FT/1FK 电机非必需)→速度环→位置环机跟踪。优化时一定要注意设备安全和人身安全！优化时该轴必须处于一个安全区间。

SINUMERIK Operate 的优化是通过一系列对话界面进行自动优化的设定，无须手动修改，如图 5-17 所示。

11) 机床精度补偿文件的生成与补偿数据的输入与生效

机床整体调试功能与动作正常且机械静态几何精度符合要求后，为提高机床定位精度，需对各轴用双频激光干涉仪进行定位精度和重复定位精度检测，根据检测结果对各轴进行反向间隙补偿和螺距补偿。

840Dsl 数控系统的螺距误差补偿是一种绝对值型补偿方法，可分别对各轴进行半闭环和全闭环补偿。

螺距误差补偿通常只对实际生效的测量系统进行补偿，但对需要进行测量系统切换的轴来说，应分别对测量系统 1 和测量系统 2 进行补偿，确保测量系统切换后保持轴的定位精度。

机床精度补偿主要步骤包括五方面。

(1) 设定相关的参数。MD38000[0～1] MM_ENC_COMP_MAX_POINTS，即轴螺距误差补偿点数。

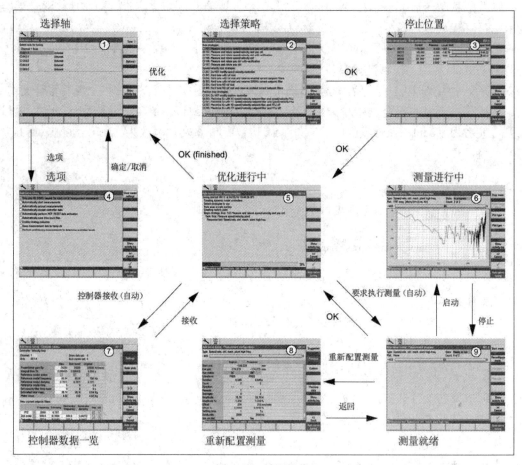

图 5-17　伺服优化

(2) 修改此参数后会引起 NCK 内存的重新分配，所以修改后需在启动菜单下先对 NC 数据进行备份。

(3) 备份完成后，再进行一次 NCK 复位后会出现轴参数丢失报警，再将以上 NC 备份文件恢复到 NC 中。

(4) 在"NC-Active-Data"菜单下将"EEC_DATA"复制到一个新建的备份文件目录中。

(5) 根据测量结果计算出各点补偿值，在以上目录下打开补偿文件，把补偿值写入对应的点中，保存后关闭编辑器。

对于 X 轴采用全闭环，MD38000[1]=20，补偿程序如下：

```
CHANDATA(1)
$AA_ENC_COMP[1, 0, AX1]=0
$AA_ENC_COMP[1, 1, AX1]=0.008
$AA_ENC_COMP[1, 2, AX1]=0.016
$AA_ENC_COMP[1, 3, AX1]=0.022
$AA_ENC_COMP[1, 4, AX1]=0.025
$AA_ENC_COMP[1, 5, AX1]=0.027
$AA_ENC_COMP[1, 6, AX1]=0.03
```

$AA_ENC_COMP[1，7，AX1]=0.032

$AA_ENC_COMP[1，8，AX1]=0.035

$AA_ENC_COMP[1，9，AX1]=0.039

$AA_ENC_COMP[1，10，AX1]=0.044

$AA_ENC_COMP[1，11，AX1]=0.051

$AA_ENC_COMP[1，12，AX1]=0.061

$AA_ENC_COMP[1，13，AX1]=0.073

$AA_ENC_COMP[1，14，AX1]=0.087

$AA_ENC_COMP[1，15，AX1]=0

$AA_ENC_COMP[1，16，AX1]=0

$AA_ENC_COMP[1，17，AX1]=0

$AA_ENC_COMP[1，18，AX1]=0

$AA_ENC_COMP[1，19，AX1]=0

$AA_ENC_COMP_STEP[1，AX1]=100 　　　　；补偿间隔为 100 mm

$AA_ENC_COMP_MIN[1，AX1]=600 　　　　；补偿起始点坐标为 600 mm

$AA_EC_COMP_MAX[1，AX1]=2000 　　　　；补偿终点坐标为 2000 mm

$AA_ENC_COMP_IS_MODULO[1，AX1]=0 　　；补偿轴是直线轴 M17

完成上述步骤后，再按以下三步操作。

(1) 将修改后的补偿文件装载到 NC 中并运行一次。

(2) MD32700[0～1] ENC_COMP_ENABLE。该值=1 时，激活螺距误差补偿；然后做一次 NCK 复位。

(3) 该轴完成回参考点，新的补偿数据生效。

12) 机床数据备份

数据备份是必不可少的一个工作。当整机完成调试后，对 NC(含补偿数据)、PLC、驱动参数以及 HMI 进行备份。

在图 5-18 的界面中选择 "建立批量调试" 并点击"确认"，进入控制组件备份选择画面。

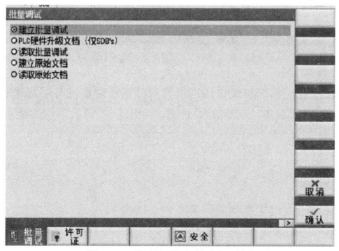

图 5-18　控制组件备份选择画面

如果选择 "NC 数据" 和 "驱动数据" 作为一个文件进行备份时，如图 5-19 所示进行勾选，并进行确认。

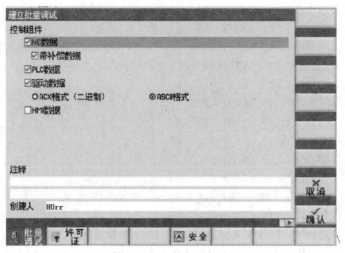

图 5-19　文件备份勾选

选择默认的"制造商"目录，确认后选择备份文档的文件格式并输入文档名称，再单击"确认"按钮即可开始数据备份，如图 5-20 所示。

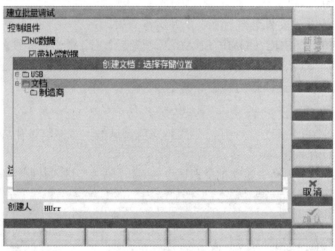

图 5-20　数据备份

通过应用 840Dsl 数控系统对该设备进行升级改造，使该设备恢复原有的功能，提高了设备的可靠性，既节省了成本，又缩短了时间，给用户带来了可观的经济效益。

习　题

1. 840Dsl 数控系统的组成有哪些？各有什么功能？
2. 选择伺服电机时应考虑哪些因素？
3. S120 电源部分直流母线组件选择方案是什么？
4. 简要描述 840Dsl 数控系统的调试流程。

第 6 章　FANUC 0i-MD 数控系统在立式加工中心上的应用

6.1　机床改造前的状况

KT1400VA 立式加工中心为北京机床研究所设计制造的产品。

机床原配置：FANUC 18M 系统。

X 轴：α6/2000。

Y 轴：α6/2000。

Z 轴：α12B/2000(带抱闸)。

主轴：α8/8000(额定功率 7.5 kW/最大功率 11 kW/30 min)。

刀库：采用变频器控制。

由于该设备使用年限较长，电气元件老化，故障率增加，已影响到设备的正常使用。

6.2　硬件的选择和配置

1. 系统的选择

根据用户的要求和所提供设备的原配置，为了恢复设备的正常使用并保持其可靠性，本次改造对所提供机床的所有电气元件进行了更新。

由于原设备采用 FANUC 18M 系统，为沿袭原有机床的操作和编程习惯，使操作人员能很快熟练地使用该设备，故本次改造仍采用 FANUC 系统。

目前，FANUC 公司在中国市场主要推出了 0i-MATE D、0i-D 以及 31I 系统。0i-MATE D 系统最大控制轴数标配为 3 个轴，也可选 4 个轴，同时控制轴数为 3 个轴(不含主轴)，控制主轴数为 1 个，无内嵌式以太网，采用 βi 系列伺服和伺服电机，属于经济型数控系统。0i-D 数控系统最大控制轴数标配为 5 个轴，同时控制轴数为 4 个轴(不含主轴)，控制主轴数为 2 个，具备内嵌式以太网，主要采用 αi 系列伺服和伺服电机，也可采用 βi 系列伺服和伺服电机，属于中挡数控系统。而 31I 数控系统最大控制轴数为 20 个轴，同时控制轴数可为 5 个轴(不含主轴)，路径数可达 4 个，控制主轴数为 6 个，主要采用 αi 系列伺服和伺服电机，也可采用 βi 系列伺服和伺服电机，属于高档数控系统。根据该机床的特点，此处选用 0i-D 数控系统。

2. 0i-D 数控系统组件的选择

(1) 基本单元 0 槽，功能包为 A 包，最大程序容量大幅扩充，标配为 512 KB，最大为 2 MB 容量，标配有 AI 先行控制功能。当需要加工模具时，为提高加工精度，可选 AI 轮廓控制功能。

(2) 显示单元包括 8.4 英寸 LCD 液晶显示屏、10.4 英寸 LCD 液晶显示屏以及 10.4 英寸 LCD 液晶触摸屏 3 大类，从与该机床价值所匹配，选用了 8.4 英寸 LCD 液晶显示屏。如图 6-1 所示。

图 6-1　8.4 英寸 LCD 液晶显示屏

(3) 机床控制面板如图 6-2 所示。选用 FANUC 标准的主面板 B 和子面板 B1。主面板上可定义 AUTO、EDIT、MDI、DNC、MPG、JOG、INCJOG、REF、TEACH 等操作方式和单段、跳段、可选停、空运行、机床锁住、程序重启等功能键以及 X1/X10/X100/X1000 的手轮进给倍率、X/Y/Z 轴选择键和正向/负向/快速键/主轴正转/主轴反转/主轴停/循环启动/循环停止与其他自定义键。子面板上定义有主轴倍率/进给倍率(可作快速倍率)/钥匙开关及急停按钮等器件，操作元件对应的地址由 FANUC 梯形图软件定义。这两个面板(左边为主面板 B，右边为子面板 B1)通过 FANUC I/O Link 电缆与控制单元的 JD1A 口相连。

图 6-2　机床控制面板

(4) 配置一个手持单元方便操作对刀，带有 1 μm、10 μm、100 μm 3 挡选择以及 X、Y、Z 和 4 这四个轴的选择。

3. 进给伺服电机和驱动模块的选择

伺服电动机的选择主要考虑力矩、惯量和速度及安装等多种因素。

在参照原配置的电机参数的基础上，对该设备进行相应选型。

　　X 轴电机：αif8/3000(额定转速 3000 r/min，Mo=8 N·m，P=1.6 kW)。

　　Y 轴电机：αif8/3000(额定转速 3000 r/min，Mo=8 N·m，P=1.6 kW)。

　　Z 轴电机：αif12B/3000 (额定转速 3000 r/min，Mo=12 N·m，P=3.0 kW，带抱闸)。

　　根据电机的相关配置，分别选择相应的电机模块。

　　X/Y 轴驱动模块：SVM2-40/40i(额定输出电流 13 A)。

　　Z 轴电机模块：SVM1-80i (额定输出电流 19 A) 。

4. 主轴控制

　　主轴电机选用 α8/8000i，连续工作的工况下输出 7.5 kW，30MIN S3 的工况下输出功率 11 kW，额定转速为 1500 r/min，最大转速 8000 r/min，额定电流为 44 A。考虑到安装方式，选择的电机为电机轴带单键，安装形式为法兰安装。

　　主轴驱动模块配置为 SPM-11i(额定输出电流 48 A)。

　　为了实现主轴定向和刚性攻丝功能，在主轴控制环节上另配一个主轴位置编码器，型号为 αi 位置编码器 10 000 r/min。

5. 电源模块 PSM 的选择

　　电源模块的选择遵循以下原则：

　　PSM 的额定输出容量≥∑主轴额定连续输出功率×1.15+∑进给轴额定连续输出功率×0.6，对本配置 PSM 容量≥7.5 kW×1.15+(1.6 kW+1.6 kW+3.0 kW) ×0.6=11.745 kW。所以本次选择电源模块为 PSM15i(输出 15 kW)。

　　配置与此电源模块相对应的交流电抗器。

6. PLC 的配置

　　根据机床的检测点及控制输出回路确定输入/输出点数量。该设备配置 0I 采用 I/O 单元，共有 96 个输入点及 64 个输出点，通过 FANUC I/O Link 电缆与面板及控制单元形成回路，其地址配置由 FANUC 梯形图软件定义。

6.3　设备的调试

1. 设备调试前的准备工作

　　(1) 根据技术协议要求，完成整体电气原理图设计。

　　(2) 提出采购清单并进行电柜和操作箱的布局，电柜和操作站应确保生产完毕。

　　(3) 应完成整机机床机械液压部分的完善和电气现场的安装和检查工作。

　　(4) 安装工具、软件。安装 FANUC LADDER-Ⅲ软件，版本为 7.50；安装 FANUC SERVO GUIDE 软件，版本 9.00。

2. 设备的调试

1) FANUC 0i-MD 数控系统的调试流程

系统互联图如图 6-3、图 6-4 所示。

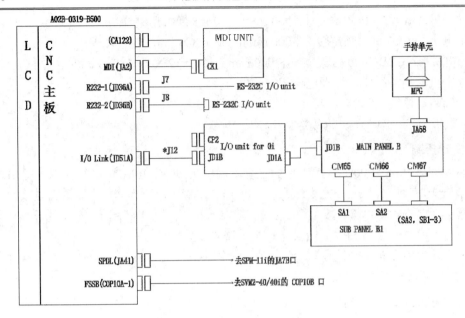

图 6-3 系统互联图 1

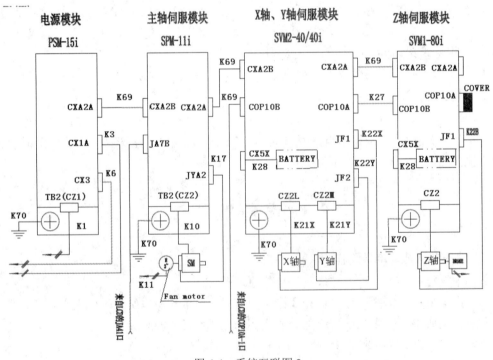

图 6-4 系统互联图 2

2) 设定基本参数

(1) 上电全清。系统第一次上电时,应先进行一次全清。具体方法为:同时按下 MDI 面板上的 RESET+DEL 键,然后上电。全清后一般会出现如下报警:

100 表示参数可输入,即设定画面上 PWE=1。

506/507 表示各轴硬超程报警。原因是梯形图中没处理硬件限位信号。通过设定

P3004.5=1 即可消除。

417 表示各轴伺服参数设定不正确。解除办法是进行各轴伺服参数初始化。

5136 表示 FSSB 电机号码太小。原因是还没进行 FSSB 设定。

再输入 FANUC 提供的出厂参数表(9900～9999 功能参数表)，然后系统断电重启。检查 P8130 和 P1010 是否为 "3"，若不是，则将其设定为 "3"(数控轴数为 3 轴)。

(2) 伺服 FSSB 设定及伺服参数初始化。具体可按以下步骤进行设定：

参数 P1020 从上至下依次设为 88(X)/89(Y)/90(Z)。

轴属性 P1022 从上至下依次设为 1/2/3。

轴连接顺序 P1023 从上至下依次设为 1/2/3。

P1902.0=0 表示 FSSB 设定方式为自动设定。

将 P3111.0 置为 1，可显示伺服设定画面和伺服调整画面。

将以上参数设定完成后，系统重新上电，参数生效。

进入伺服设定画面可进行各轴的伺服参数初始化，如图 6-5、图 6-6 所示。根据 FANUC 伺服电机参数说明书中的电机代码表查得 X/Y/Z 轴电机代码分别为 277/277/293，将这些参数设定为相关的电机代码栏，并将各轴设定位置初始化为 00000000。

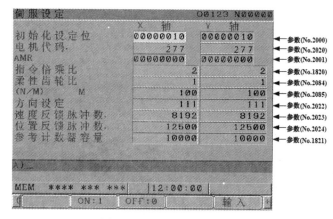

图 6-5　伺服参数初始化 1

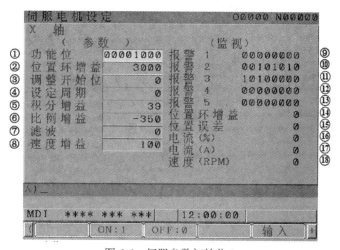

图 6-6　伺服参数初始化 2

根据目前电机配置，将 AMR 固定设为 00000000，指令倍乘比设为 2。

柔性齿轮比根据机械传动链来设定，N/M=电机每转动 1 圈所需的位置脉冲数/100 万的约分数(注意：N 和 M 都不得超过 32767)，本机均为电机与丝杠直连，丝杠螺距为 10 mm，所以 N/M=1/100；

方向设定：设为 111，电机正转；设为−111，电机反转。该参数设定需根据最终各进给轴要求的方向。

由于电机为半闭环，速度反馈脉冲数设为 8192，位置反馈脉冲数设为 12500。

参考计数器容量的设置：半闭环时，直线轴的参考计数器容量=电机每转动 1 圈所需的位置脉冲数或其整数分之一。

以上设定完成后，上电重启，即完成了各轴参数的初始化，同时各轴初始化设定位自动变为 00000010，表示初始化完成。

(3) 主轴参数的初始化设定。

首先在 P4133 中设定主轴电机代码，查 FANUC 主轴电机参数说明书中的电机代码表，型号 α8/8000i 的主轴电机代码为 312，将其设到 P4133 中。同时将 P4019.7 置为 1，然后系统执行断电并上电，系统会加载部分默认的电机参数。加载完成后，P4019.7 自动变为 0。

(4) 其他常用参数的设定。

常用参数说明简述如下：

P0.1=1——程序输出格式为 ISO 代码。

P20——I/O 通道选择；=0 或 1，RS232C 串口 1；=2，RS232C 串口 2；=4，存储卡接口。

P103=12——I/O 通道=0 时的波特率=19200。

P113=12——I/O 通道=1 时的波特率=19200。

P138.7=1——可用存储卡进行 DNC 运行。

P1320——设定各轴存储行程正极限，调试时设为 99999999。

P1321——设定各轴存储行程负极限，调试时设为−99999999。

P1410——设定空运行速度。

P1420——设定各轴快移速度。

P1422——设定最大切削进给速度。

P1423——设定各轴 JOG 速度。

P1424——设定各轴 JOG 快移速度。

P1425——设定各轴返回参考点 FL 速度。

P1620——快移时间常数，设定 50～200。

P1622——切削时间常数，设定 50～200。

P1624——JOG 时间常数，设定 50～200。

P1825——各轴位置环增益，初始设定 3000。

P1826——各轴到位宽度，设定 20～100。

P1828——各轴移动时位置误差极限，初始设定 10000。

P1829——各轴停止时位置误差极限，设定 200。

P2013.0=1 时，使用伺服 HRV3 控制。

P3102.3=1 时，画面为中文显示。

P3701.1=0 时，串行主轴有效。

P3708.0=1 时，检测主轴速度到达信号。

P4002.1=1 时，主轴使用位置编码器。

3. PMC 的编辑与通信

进入 FANUC LADDER-III软件，点击"File"，再选择"New Program…"，即可进入文件名设定界面，如图 6-7 所示。

在"Name"中写入文件名"KT1400VA"，在"PMC Type"中选择"0i-D PMC"，再点击"OK"，即可进入如图 6-8、图 6-9 所示的界面。在此界面中可编辑"Title"，可记录机床名、编辑人和时间、PMC 种类等信息。在"Symbol comment"中可进行助记符的编辑。

在"I/O Module"中可进行 I/O 地址的确定。选择"I/O Module"→"Input"→"X0000"→"Connection Unit"，在其中点选"OC02I"，即定义了 GROUP 0/BASE 0/SLOT 1 的初始输入点为 X00。根据系统互联图可知，从 X0.0-X15.7 为外部输入点接口地址。双击"X0020"→"Connection Unit"，在其中点选"OC02I"，并将"GROUP"中的值改为"1"，则 X20.0-X35.7 即为面板键地址区。

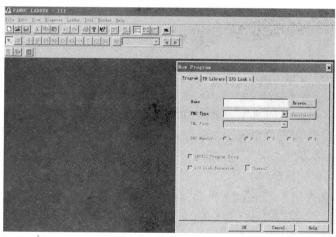

图 6-7　文件名设定界面

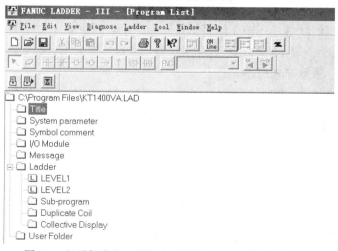

图 6-8　记录机床名、编辑人和时间、PMC 种类等信息 1

选中"Output"→"Y0000"→"Connection Unit"，在其中点选"OC02I"，即定义了 GROUP 0/BASE 0/SLOT 1 的初始输出点为 Y00，从 Y0.0-Y15.7 为外部输入点接口地址。双击"Y0020"→"Connection Unit"，在其中点选"OC02O"，并将"GROUP"中的值改为"1"，则 Y20.0-Y35.7 即为面板灯地址区。

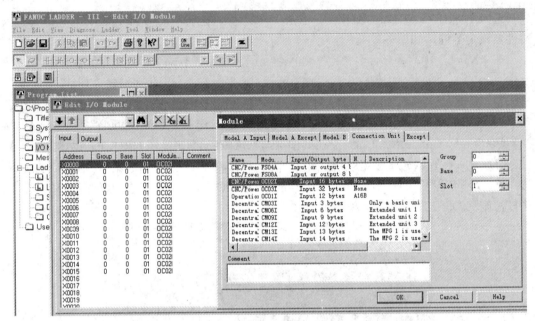

图 6-9　记录机床名、编辑人和时间、PMC 种类等信息 2

在"Message"中可进行报警文本的编辑，1000～1999 号为报警信息，CNC 转到报警状态，2000～2099 号为操作信息，2100～2999 号为操作信息(无信息号)，只显示信息数据。因此，必须合理的编制报警信息号。

LADDER 分 LEVEL1、LEVEL2 和 Sub-program 三级程序。LEVEL1 每 8 ms 执行一次，如果 LEVEL1 中编制的程序较长，那么总的执行时间就会延长。因为 LEVEL2 每 8×N ms 执行一次，N 为 LEVEL2 的分割数，如果 LEVEL1 中编制的步数增加，那么 8 ms 内 LEVEL2 程序动作的步数就要相应减少，因此分割数 N 就加大，整个程序运行时间延长，如图 6-10 所示。因此，要尽可能将 LEVEL1 编写得短一些，仅处理短脉冲信号和需响应快速的信号即可，这些信号包括急停、各轴超程、返回参考点减速、外部减速、跳段、到达测量位置、进给暂停及刀库计数脉冲处理等。

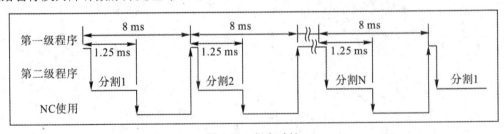

图 6-10　程序时长

在编制 PMC 程序时有 4 种类型地址，如图 6-11 所示。

X——来自机床侧的输入信号。

第 6 章　FANUC 0i–MD 数控系统在立式加工中心上的应用　　　·161·

Y——由 PMC 输出到机床侧的信号。

F——来自 NC 侧的输入信号。

G——由 PMC 输出到 NC 的接口信号。

R——内部继电器。

A——信息显示请求信号。

C——计数器。

K——保持型继电器。

T——定时器。

D——数据表。

P——子程序号。

在 MDI 方式下按"SYSTEM"键，然后多次按下">"软键，软键菜单显示"[内嵌]，[PCMCIA]"。

按"内嵌"软键，出现用于内置以太网端口的"以太网设定画面"，再按下软键"公共"和"FOCAS2"，在各自显示的设定项目中输入参数。如图 6-12、图 6-13 所示。

CNC 初始设定可参考如下值：IP 地址为 192.168.1.1；子网掩码为 255.255.255.0。

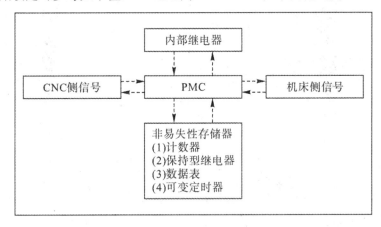

图 6-11　PMC 程序的 4 种类型地址

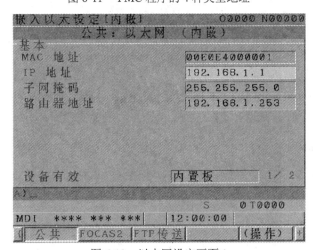

图 6-12　以太网设定画面 1

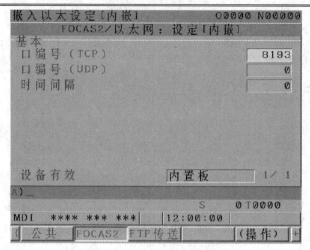

图 6-13　以太网设定画面 2

在 PMC 程序编辑完成后，在系统侧选择"SYSTEM"，然后多次按下">"软键，显示如图 6-14 所示的界面。

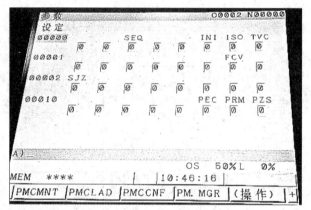

图 6-14　PMC 程序编辑完成

然后选择"PMCCNF"软键，再选择"设定"软键，进行如图 6-15 和图 6-16 所示的设定。

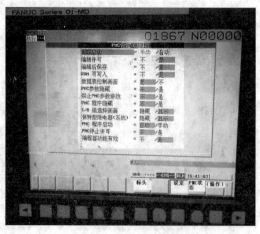

图 6-15　PMCCNF 设定

PMCCNF 设定完成后，进入"在线"方式，如图 6-16 所示。

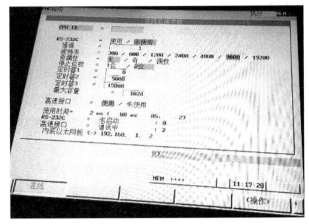

图 6-16　"在线"方式设定

进行计算机侧 FANUC LADDER-Ⅲ软件设定时，打开软件选择"TOOL"→"Option"→"Setting"，如图 6-17。设定完后，点击"OK"保存设置。

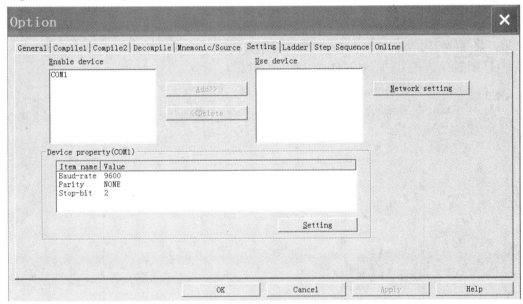

图 6-17　FANUC LADDER-Ⅲ软件设定

点击图 6-18 中黑色虚框中的图标即可将计算机与 NC 的 PMC 进行通信。

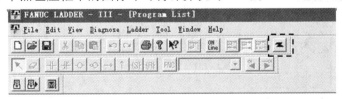

图 6-18　计算机与 NC 的 PMC 进行通信

点击图 6-18 中"ON Line"图标即可进行计算机与 NC 的 PMC 的输入/输出设定。

在图 6-19 中选择"Load from PMC"可以将系统中的 PMC 传到计算机中，选择"Store to PMC"可以将计算机中 PMC 编译完成后传入系统中。

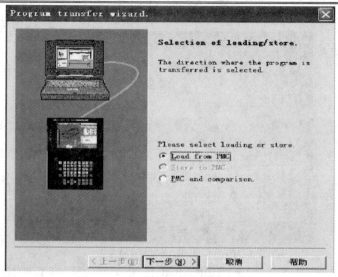

图 6-19　PMC 与计算机通信和编译

4. 主轴定向的处理

在加工中心中主轴定向是一个必备功能，无论是反镗加工，还是加工螺纹式换刀，都必须完成主轴定向。主轴定向有 3 种硬件配置方式：

(1) 外部接近开关+主轴伺服电机速度传感器。

(2) 主轴位置编码器(其与主轴 1∶1 连接)。

(3) 电机或内装主轴的内置传感器(Mzi/BZi/CZi)，主轴和电机之间比例为 1∶1。

本次改造配置为第二种定向方式。梯形图编制如图 6-20、图 6-21 所示。

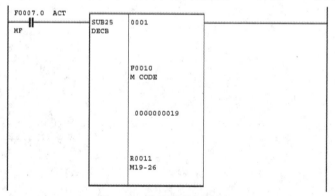

图 6-20　梯形图编制举例 1

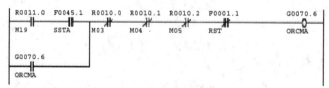

图 6-21　梯形图编制举例 2

相关参数如下：

P4000.0，设定值为 0/1；参数表示机械主轴和主轴电机旋转方向相同/相反。

P4001.4，设定值为 0/1；参数表示机械主轴和主轴位置编码器旋转方向相同/相反。

P4003.0，设定值为 0；参数表示使用主轴位置编码器定向。

P4015.0，设定值为 1；参数表示主轴定向功能有效。

P4031，设定值可根据情况调整；参数表示主轴位置编码器方式定向停止位置。

P4038，设定值不可过高；参数表示主轴定向速度。

P4056-4059，设定值可根据具体机械传动链结构调整；参数表示电机与主轴的齿轮比，具体生效参数需由挡位信号确定(CTH1A/CTH2A)。

P4060-4063，设定值初始设定 1000；参数表示定向时的位置增益，具体生效参数需由挡位信号确定(CTH1A/CTH2A)。

5. 伺服优化

FANUC SEVRO GUIDE 是 FANUC 系统调试软件，可对系统参数进行调整，并实现以下两种功能：一是抑制机床震动(增益的调整)，可通过观察机床频率响应来调整；二是调整加工精度(系统功能的调整)，可通过观察机床走圆弧、走四方、走方带 1/4 圆弧来调整。

FANUC SEVRO GUIDE 通信设定界面如图 6-22 所示，具体的计算机侧可设置为：

IP 地址：192.168.1.2。

子网掩码：255.255.255.0。

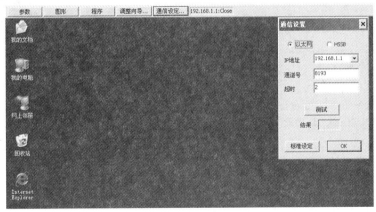

图 6-22　通信设定界面

1) 抑制震动的调整

通过 SEVRO GUIDE 生成下列程序：

```
G91G94
N1G01X10.0000F120.0000
G04X0.1
N999G01X-10.0000F1200.0000
M99
```

这个程序里的指令由不同的频率组成，执行指令后，机床移动的同时编码器反馈，根据反馈的数据得出响应图。具体操作是点击"图形"→"工具"→"频率响应"，执行即可。频率响应图如图 6-23 所示。

(1) 响应带宽(即幅频曲线上 0 dB 区间)要足够宽，主要通过调整伺服位置环增益(PRM 1825)及速度环增益(PRM 2021)参数来实现。

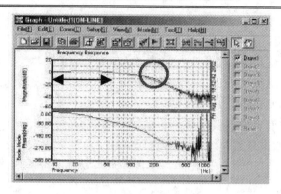

图 6-23　频率响应图 1

(2) 使用 HRV 滤波器后机床高频共振被抑制,此时高频共振频率处的幅值应低于-10 dB,如图 6-24、图 6-25 所示。由图可观察到高频共振点处的频率为 280 Hz 和 500 Hz,共振宽度为大约分别为 100 Hz 和 120 Hz,在 SEVRO GUIDE 参数菜单里找到"滤波器",然后打开"消除共振"进行设置。

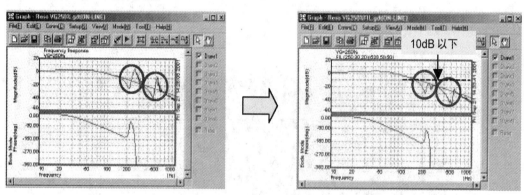

图 6-24　频率响应图 2

(3) 在截止频率处(幅频曲线开始下降处对应的频率)的幅值应该低于 10 dB。若高于 10 dB,应该降低速度环增益(PRM 2021)。

(4) 在 1000 Hz 附近的幅值应该低于-20 dB。

通过观察频率响应图可以了解机床的驱动状态,可通过调整伺服位置环增益(PRM 1825)、速度环增益(PRM 2021)及使用 HRV 滤波器使频率响应图达到以上 4 点要求,从而达到优化电机驱动的目的。同时,通过观察调整过的频率响应图,还可以了解机床是否震动。

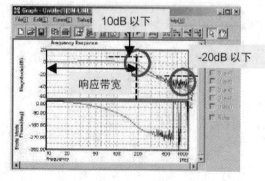

图 6-25　频率响应图 3

2) 调整加工精度

调整机床加工精度可从系统方面和驱动方面着手：系统方面使用 AIAPC、AICC(AIAPC 或 AICC，包含预读程序段、插补前加减速、自动拐角减速等功能)；驱动方面使用 HRV3，包含前馈控制、FAD(精细加减速)、反向间隙加速等功能。

控制系统方面设定 AIAPC 相关参数，如表 6-1 所示。

表 6-1　设定 AIAPC 相关参数

参数号码	单位	设定值	意　义
1432	mm/min	10000	各轴在 AIAPC 模式下最大切削进给速度
1620	ms	100	在快移模式中直线型加减速时间常数 在快移模式中钟型加减速时间常数 T1
1621	ms	8	在快移模式中钟型加减速时间常数 T2
1730	mm/min	5150	圆弧半径 R 最大进给速度
1731	um	5000	圆弧半径 R
1732	mm/min	100	依圆弧半径作进给速度钳制时最小进给速度
1768	ms	16	AIAPC 模式下插补后加减速时间常数
1770	mm/min	10000	AIAPC 模式下插补前加减速最大进给速度
1771	ms	200	AIAPC 模式下插补前加减速到达最大进给速度的时间
1783	mm/min	500	依速度差作拐角减速允许的速度差
1785	ms	112	依速度差作进给钳制时的加速时间，到达最大速度(参数 1432)的时间

设定好控制系统后不需要调整的参数如表 6-2 所示。

表 6-2　不需要调整 AIAPC 相关参数

参数号码	单位	设定值	意　义
1602#6#3		1，0	先行控制下插补后加减速为直线型(当 FAD 精细加减速使用时设定)
		1，1	先行控制下插补后加减速为钟型(当 FAD 精细加减速不使用时设定)
1802#7		0/1	当 CMR 为 2 或更大时该参数设为 1(即 1820 设为 4 或更大)

6. 驱动方面

前馈功能、精细加减速功能设置如表 6-3 所示。

表 6-3　前馈功能，精细加减速功能设置

参数号码	设定值	意　义	设置说明
2007#6	1	FAD(精细加减速)有效	
2209#2	1	FAD 直线型	
2109	16	FAD 时间常数	机床震动可适当加大该值
2005#1	1	前馈有效	
1800#3	0	快速移动前馈	
2092	10000	AIAPC/AICC 模式下前馈系数	机床震动可适当减少该值
2069	50	速度前馈系数	

设置 HRV3、前馈控制、FAD(精细加减速)、反向间隙加速等功能参数，如表 6-4 所示。

表 6-4　驱动参数设置

参数号码	设定值	意　义	设置说明
2013.0	1	HRV3 控制有效	
2004.0/1	1		
2040	标准设定值	电流环路积分增益	
2041	标准设定值	电流环路比例增益	
2003#3	1	PI 控制有效	
2017#7	1	速度环比例项高速处理功能	机床震动可将该参数设为 0
2006#4	1	速度反馈读入 1ms 有效	
2016#3	1	停止时比例增益可变功能有效	
2119	2(1 μm 检测)　20(0.1 μm 检测)	停止时比例增益可变功能：停止判断水平(检测单位)	
1825	5000	伺服环路增益	通过 SEVRO GUIDE 观察调整
2021	128	负载惯量比(速度环路增益)	通过 SEVRO GUIDE 观察调整
2202#1	1	切换切削/快速移动速度环路增益有效	
2107	150	切换时速度环路增益倍率	

反向间隙加速功能设置如表 6-5 所示。

表 6-5　反向间隙加速功能设置

参数号码	设定值	意　义	设置说明
851	机械决定	反向间隙补偿量	
003#5	1	反向间隙加速功能有效	
2009#7	1	反向加速停止	
2009#6	1	仅切削进给时反向加速(FF)	
2223#7	1	仅切削进给时反向加速(G01)	
2015#6	0	2 段反向间隙加速有效	
2146	50	2 段反向加速：结束计时器	
2048	100	反向间隙加速量	通过 SEVRO GUIDE 调整，观察圆的突起进行设置，使之最小
2082	5(1 μm 检测)　50(0.1 μm 检测)	第二段开始结束参数(检测单位)	
2071	20	反向间隙加速时间	

在完成螺距补偿后，可进行联动插补精度的调整(AICC 功能为选项功能)。

1) 圆弧的调整

(1) 关于前馈功能的调整。

通过 SERVO GUIDE 观察机床走圆弧的状态，调整如表 6-6 和图 6-26 所示的相关参数。

表 6-6　机床走圆弧参数

参数号	设定值	内容	设置说明
2068	7000	普通模式下的前馈系数	
2092	7000	AIAPC/AICC 模式下的前馈系数	G05.1Q1 编程时设置

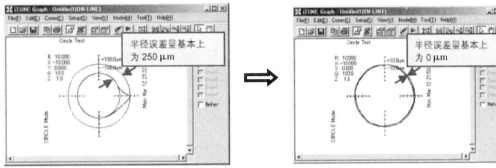

图 6-26　机床走圆弧参数

(2) 关于反间向隙加速功能的进一步调整。

通过 SERVO GUIDE 观察机床走圆弧的状态，根据象限间突起的大小，调整如表 6-7 和图 6-27 所示的相关参数。

表 6-7　机床走圆弧参数调整

参数号	设定值	内容	设置说明
2048	100	反向间隙加速量	根据象限间突起的大小进行调整

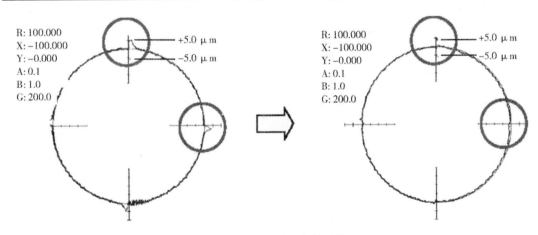

图 6-27　机床走圆弧参数调整

2) 四方的调整

(1) 关于拐角减速允许速度差的调整。

通过 SERVO GUIDE 观察机床走四方的状态，根据拐角处的情况，调整如表 6-8 和图 6-28 所示的相关参数。

表 6-8   机床走四方的参数

参数号	设定值	内容	设置说明
1783	500	拐角减速时容许速度差	

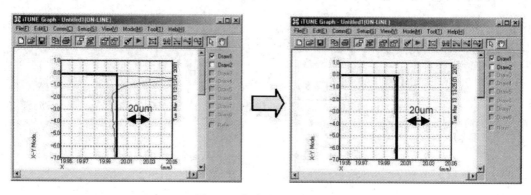

图 6-28   机床走四方的参数

(2) 关于切削进给时间常数的调整。

当使用 1783 参数进行调整但拐角的外形误差仍未减小时，可增加 1771 或 1772 插补前时间参数，拐角处的外形误差将得到改善。具体参数设定如表 6-9 所示。

表 6-9   进给时间常数的调整

参数号	设定值	内容	设置说明
1622	20	普通模式下切削进给插补后时间常数	
1768	16	AIAPC/AICC 模式下切削进给插补后加减时间常数	使用 G05.1Q1 编程时设置 机床震动时适当加大该值
1771	200	AIAPC/AICC 模式下切削进给插补前直线形加减速时间常数	使用 G05.1Q1 编程时且插补前加减速类型是直线形时设置
1772	48	AIAPC/AICC 模式下切削进给插补前钟形加减速时间常数	使用 G05.1Q1 编程时且插补前加减速类型是钟形时设置

(3) 速度前馈的调整如表 6-10 所示。

表 6-10   速度前馈的调整

参数号	设定值	内容	设置说明
2069	50	速度前馈系数	调整速度前馈系数的值，拐角外形将得到改善，但注意，该值过大时机床会发生震动

3) 带 1/4 圆弧四角形状的调整

若设定参数 1730=2000，则在圆弧处进给速度将降低到 F2000，通过圆弧部分后，将变回原来的速度。机床的圆弧路径可在参数 1731 里进行设定。利用这一功能可以减小位置偏差。具体设定参数如表 6-11 和图 6-29 所示。

表 6-11　容许加速度的调整

参数号	设定值	内容	设置说明
1730	2000	圆弧半径为 R 时进给速度的上限值	
1731	5000	圆弧半径 R	

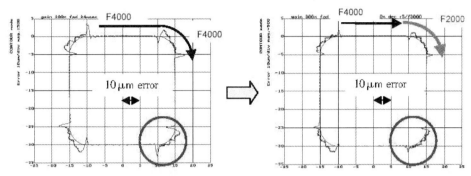

图 6-29　容许加速度的调整

如果还达不到用户的要求，则必须考虑机床的机械部分、加工用的刀具、加工程序、加工速度、进给量、进刀路径等，这些因素都会对加工效果产生影响。

4) 机床螺距补偿数据的输入与生效

机床整体调试功能与动作正常且机械静态几何精度符合要求后，为提高机床定位精度，需对各轴用双频激光干涉仪进行定位精度和重复定位精度检测，根据检测结果对各轴进行反向间隙补偿和螺距补偿。

FANUC 数控系统的螺距误差补偿是一种增量型补偿方法。

(1) 设定相关参数。

P3620：各轴参考点螺距误差补偿号码。

P3621：各轴负方向最远端的螺距误差补偿点号码。

P3622：各轴正方向最远端的螺距误差补偿点号码。

P3623：各轴螺距误差补偿倍率。

P3624：各轴螺距误差补偿间距。

(2) 设定完以上参数后，系统重启生效。

(3) 将相应的测量结果输入对应的误差补偿表中，然后各轴重新回零，补偿数据即可生效。

通过应用 FANUC 0i-MD 数控系统对设备进行升级改造，使设备恢复了原有的功能，提高了设备的可靠性，同时运用 FANUC SERVO GUIDE 软件对伺服驱动进行优化并对插补精度进行了调整，大大提高了加工精度。

习　　题

1. 叙述 FANUC 0i-MD 数控系统基本组成。

2. 叙述 FANUC 0i-MD 数控系统操作面板及功能。

3. 伺服 FSSB 设定及伺服参数初始化步骤有哪些？

第7章　高速动平衡试验站系统设计编程及调试

汽轮机转子在做高速旋转时，由于材料组织不均匀、零件外形误差、装配误差、结构形状局部不对称等原因，使通过转子质心的惯性轴与旋转轴不重合，从而产生离心惯性力和惯性力偶矩。转子旋转时，在离心惯性力和惯性力偶矩的作用下会产生振动，加速轴承磨损，甚至严重影响产品的性能和使用寿命。因此，为减小或消除振动，汽轮机转子的平衡技术成为提高产品质量的关键。目前，国内汽轮机、发电机、透平压缩机等大型回转机械挠性转子进行高速动平衡试验已成为常规的工艺过程，在降低机组振动及噪声、提高工作转速、保证机组安全运行、延长使用寿命等方面发挥了重要的作用。

7.1　结构及设计介绍

根据工厂产品的规格要求，确定试验转子的对象参数，主要包括试验转子质量范围、最大直径、最大长度、设计转速等，并可用于确定高速动平衡机系统的设计选型。

高速动平衡机系统是以高速动平衡机为中心，辅以一系列设备、设施构成的系统。其主要设备按系统可分为动平衡测试系统、中央控制监测系统，具体包括拖动系统、真空舱室系统、润滑油系统、抽真空系统、配电系统、测量控制系统，其结构如图7-1所示。

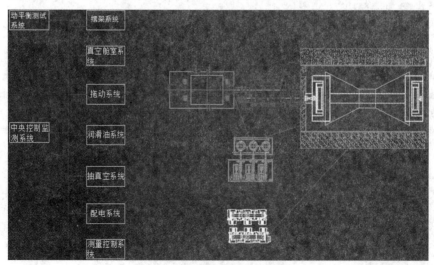

图 7-1　高速动平衡机系统结构

1. 动平衡测试系统

动平衡测试系统是真空筒体内支撑转子进行动平衡试验或超速试验的关键设备，主要由摆架和动平衡测量系统(包括电测箱和计算机辅助测量分析系统)组成。摆架是动平衡机的本体，主要由轴承座、弹性支撑杆和机座组成。电测箱是转子动平衡测量的核心部件，可连续测量不平衡量，准确显示各转速下不平衡量的变化，并通过曲线将各个转速测量的结果自动连接。

该系统一般需成套采购，目前德国申克和上海辛克试验机公司均可提供成套设备。

2. 真空舱室系统

真空舱筒体是转子进行动平衡试验的场所，主要由筒体、大门、后墙板、翻转桥等组成。真空舱内腔尺寸大小根据被试转子吨位和外形尺寸来确定，其整体的最基本强度和刚度应能满足在其内部完全真空条件下承受外界大气压力且变形较小。筒体大门两边设有拉紧装置，大门关闭时，拉紧装置使大门贴紧筒体法兰上的密封圈，起到预密封作用；当抽真空系统启动后，随着筒体内真空度提高，大门和筒体将更进一步贴紧，增加密封水平。真空筒体侧轴端上设有刻度法兰盘和传感器，可同时产生基准信号，从而确定需要增加平衡块的相位。

为满足试验转子进出真空舱，筒体系统还需配置运输轨道平车和翻转轨道装置。当运输平车要通过真空舱大门地坑时，翻转桥放平至与真空舱内轨道对接，在大门关闭前翻转桥由油缸顶起。

3. 拖动系统

高速动平衡试验的拖动系统一般由拖动机、增速齿轮箱、中间轴装置及联轴器等组成。根据试验转子及拖动系统的最大转动惯量和试验转速要求，应当选择合适的试验拖动系统。早期的试验站采用汽轮机作为动力源，例如上海汽轮机厂的 200 t 高速动平衡试验站原来就采用汽轮机拖动；后续国内建设的大型高速动平衡试验站采用直流电机拖动，例如哈尔滨汽轮机厂的 320 t 高速动平衡试验站采用两台 4000 kW 的直流电机，直流电机由可控硅整流电源供电。随着变频技术的发展，现在越来越多的高速动平衡试验站开始采用变频电源+交流电机的拖动方式，变频电源有变频机组和变频器两种，上海电气电站设备有限公司临港工厂的 350 t 高速动平衡试验站采用的就是变频机组供电方式。随着变频技术的不断发展，近年来越来越多的高速动平衡试验站开始采用变频器供电。例如，2010 年，上海汽轮机厂的 200 t 高速动平衡就是把汽轮机拖动改造成为变频器+交流电机的拖动方式。变频器供电方式操作灵活、布置方便、维护简单，这些有利条件必将使得这种拖动方式得到越来越广泛的应用。

根据转子转动惯量大小，结合转子的升速时间要求，计算确定电机的额定功率。电机的额定功率用于克服叶轮的摩擦损失、鼓风损失和轴承损失以及加速到试验转速所需的升速率，同时需要电机在低转速下有较大的恒定扭矩，在通过转子临界转速时具有高扭矩功能，能使转子快速经过其临界转速。

拖动电机与增速齿轮箱连接，将电机转速升速到转子试验要求转速，选定拖动电机的额定转速，结合试验转子的转速要求，可以确定增速齿轮箱的增速比。增速齿轮箱输出端与中间轴连接，中间轴作为过渡装置，将扭矩传递给试验转子，并带动转子高速旋转，起到轴向连接的作用，同时具有调节轴向位移的功能，调节补偿试验转子轴向安装距离，便于与试验转子的连接，根据电机功率、最大传递扭矩、最高转速等要求选配中间轴装置。

4. 润滑油系统

高速动平衡试验站润滑油系统包括大气润滑油系统和真空润滑油系统、顶轴油系统和变刚度油系统。

大气润滑油系统用于提供大气环境下的拖动机、增速齿轮箱、中间轴装置运行所需要的润滑油，大气润滑油系统主要包括大气低位油箱、大气润滑油站、高位油箱和供油管道，根据拖动电机的技术要求确定是否选用大气顶轴油站。在拖动电机、齿轮箱、中间轴确定后，根据相应的润滑压力和流量可以确定大气润滑油系统的配置。

真空润滑油系统提供真空舱内试验转子运行所需润滑油，包括真空低位油箱、真空润滑油站、真空高位油箱和供油管道。

顶轴油系统用于试验转子启动和停机时供给试验转子高压油，将转子顶起，减小轴瓦和转子的摩擦。

变刚度油系统用于当试验转子通过其临界转速时，向动平衡机附加刚度部件油缸通入高压油，提高动平衡机的支撑刚度，起到旁移临界转速和安全保护的作用。变刚度油系统主要由油箱、高压油泵、蓄能器、滤油器、四通阀等组成。

在转子及摆架确定后，根据其润滑压力和流量可以确定真空润滑油系统、顶轴油系统和变刚度油系统的配置。

5. 抽真空系统

抽真空系统包括真空舱主抽真空泵组、油脱气真空泵组和动密封真空泵组。主抽真空泵组用于试验时对真空舱筒体抽真空，确保在短时间内达到试验要求的真空度，从而降低试验转子的驱动功率。油脱气真空泵组用于在试验前将真空润滑油系统内的气体和水分抽除，润滑油中常含有 4%～5%的气体和水分，在真空环境下将逸出，从而影响油膜的形成并在系统中产生气蚀，破坏润滑油系统的正常循环。动密封真空泵组用于抽除从大气漏到中间轴装置动密封部件中的空气，减少从中间轴装置到真空舱的漏气量。

6. 配电系统

配电系统主要由主拖动配电系统、辅机配电和应急电源组成。主拖动配电系统(若为交流电机)包括高压柜、变压器和变频器组成，供配电系统的 10 kV/6 kV 电源经变压器后供给变频器适合的电压。辅机配电主要由大气、真空油泵、测控系统及抽真空系统等供电。应急电源主要作用是，当电源设备发生故障不能正常供电时，由应急电源系统给相关真空油泵、大气油泵、顶轴油泵、动密封真空泵、测控系统紧急供电，保证试验转子安全停机。目前，高速动平衡试验站主要采用两种应急电源系统，一是采用 UPS 应急电源系统，当正常电源发生故障时，UPS 提供后备电源，给真空油泵、大气油泵、顶轴油泵、动密封真空泵供电，保证润滑油的供给和动密封的有效运转；二是比较传统且应用广泛的高位油箱+柴油发电机组方式，当正常电源发生故障，供电中断时，大气和真空的高位油箱可分别向大气润滑油和真空润滑油供油，柴油发电机可在 0.5 min 内自动启动，并向真空油泵、大气油泵、顶轴油泵、动密封真空泵提供备用电源，保证润滑油的供给。

7. 测量控制系统

测量控制系统包括计算机主机测量控制、辅机测量控制、工业电视系统、摄像监控系统、振动及动平衡测量系统，在中央控制室共同完成动平衡试验站的控制、联锁、保护、试验数据测量和计算。

主机测量控制系统主要是完成对主拖动(若为交流电机)的控制，即高压柜的合分闸、变频器的启动停止及调速，对高压柜、变压器、变频器的运行状态进行监控记录。

辅机测量控制系统主要对真空润滑油系统、大气润滑油系统、抽真空系统各物理参数(压力、液位、真空度、温度等)和真空舱内运行状态进行监控记录。实时监测电机、中间轴、摆架等旋转机械的轴承进油压力、轴承温度、回油温度以及试验转子转速、轴向位移、轴系振动等重要参数，同时实现辅机系统各设备的联锁控制和操作，并完成整个动平衡系统的联锁保护。

7.2　设　计　依　据

以新建的上海汽轮机厂 20 t 动平衡为参考，以厂方提供的转子详细技术参数为依据，依次说明动平衡各系统的设计数据。转子的技术参数如表 7-1 所示。

表 7-1　转子的技术参数

序号	参　数	数　值	备　注
1	平衡转子最大重量/t	20/4.5	
2	平衡转子最大直径 ϕ/mm	2800	
3	平衡转子最大轴径 ϕ/mm	380	
4	平衡转子最大长度/mm	8000	
5	最高试验转速/(r/min)	8000/18000	
6	最小剩余不平衡量/μm	0.5	
7	真空舱内径 ϕ/mm	4100	
8	真空舱净长/mm	≥9000	转子最长 7904.5 mm
9	真空舱内最小绝对压力/Pa	≤133	
10	驱动功率/kW	≥1000	

1. 摆架和动平衡测量系统的选定

转子的技术参数选择上海辛克试验机公司的 DG 型摆架和动平衡测量系统。DG 型摆架的具体参数如表 7-2 所示。

动平衡测量系统配备高速、低速平衡功能的专用测量系统 ST690-H 电测箱以及 EN8000 多通道计算机辅助高速动平衡振动测量分析系统，满足转子动平衡试验的各种测量要求。

表 7-2　动平衡测量系统参数

技术参数	4.5 t 摆架	20 t 摆架
摆架型号	DG10-5	DG10-8
转子重量范围/kg	150～4500	1000～20000
转子最大直径/mm	2800	2800
单个摆架允许最大静载/kg	≤3500	≤15000
最大平衡转速和超速试验转速/(r/min)	18000	8000
轴承座孔径 ϕ/mm	250	550
转子最大轴径 ϕ/mm	180	380
单个摆架允许最大离心力/kN	100	630
摆架支承主刚度/(N/μm)	约 450	约 1000
有附加刚度机构的支承刚度/(N/μm)	约 900	约 1800
润滑油流量/(L/min)	70	160
摆架中心高/mm	630	1250
摆架最大支承中心距离/mm	7000	7000
摆架最小支承中心距离/mm	500	600
最小可达剩余不平衡量/μm	0.5	0.5
最高允许环境温度/℃	≥120	≥120

2. 真空舱室系统的选定

真空舱筒体的配置如表 7-3 所示。

表 7-3　真空舱筒体的配置

参　数	数　值
筒体内径 ϕ/mm	4100
筒体长度/mm	9000
筒体内最小绝对压力/Pa	≤133
平形槽铁长度/mm	4000 (双排排列，每排 2 根，共 4 根)
大门密封面外径 ϕ/mm	约 4500
大门厚度/mm	约 560
大门移动装置速度/(m/min)	0～8.8 (无级调速)
翻转桥最大作用重力/kN	200
翻转桥翻转速度/(°/min)	90
运输平车轨道内侧轨距/mm	900

3. 拖动系统的选定

拖动、拖动配电系统是整个试验站系统的核心部分，包括高压柜、变压器、变频器、电机、齿轮箱和中间轴，其硬件结构如图 7-2 所示。

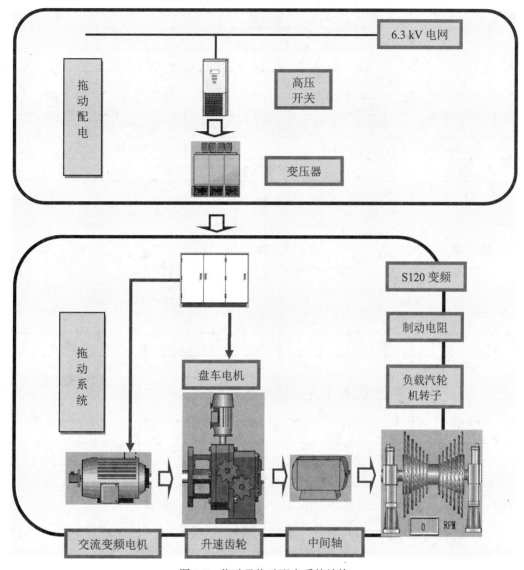

图 7-2　拖动及拖动配电系统结构

　　系统采用 S120 变频器供电给交流变频电机，并通过升速齿轮箱使转速达到 0～
18000 r/min 的试验要求。选用的 SINAMICS S120 低压变频器高性能单机变频调速柜适
用于所有单电机传动的应用，采用 CU320 主控制板及 V/F 曲线控制，内置工艺调节器
可使转矩上升时间小于 2 ms。电机侧采用闭环矢量控制，不仅可以保证优秀的控制功能
和动态特性，还可凭借优化的脉冲调制降低谐波，以确保对电能质量的影响在要求范围
内。电动机选用西门子 1000 kW 的交流变频电动机。供电部分选用变频调速用干式整流
变压器为变频器供电。另外，为减少电机制动时间以及制动时对电网的冲击，需为变频
器配备制动电阻进行能耗制动，电阻室采用强排风冷却，制动功率为 240 kW。具体配
置如表 7-4 所示。

表 7-4　拖动及拖动配电系统配置

高压柜	
参　数	数　值
额定电压/kV	10
最高工作电压/kV	12
额定频率/Hz	50～60
额定电流/A	630～3150
额定短路开断电流/(kA/4s)	15～50
12 脉动整流变压器	
参　数	数　值
一/二次侧电压	AC 6.3 kV/725 V×2
一次侧容量/kVA	1300
二次侧容量	650 kVA×2
原边抽头	±2×2.5%
绝缘水平	AC20 kV/AC 5 kV
变频器柜	
参　数	数　值
输入电压/V	3AC 660～690
额定功率(1L)/kW	1200
额定功率(1H)/kW	1000
额定输出电流/A	1270
基准负载电流(1L)/A	1230
基准负载电流(1H)/A	1136
额定输入电流/A	2×925
最大输入电流/A	2×1388
输入频率/Hz	47～63
输出频率/Hz	0～150
变频电机	
参　数	数　值
额定功率/kW	1000
额定电压/V	3AC 690
额定频率/Hz	67.2
额定转速/(r/min)	2000
最高转速/(r/min)	3000
负载特性	0～2000 r/min 恒转矩 2000～3000 r/min 恒功率
润滑要求/(L/min)	12

续表

制动电阻	
参　数	数　值
制动单元功率/kW	连续 240
制动电阻功率/kW	连续 240
直流回路中间电压/V	DC 1035

齿轮箱	
参　数	数　值
额定输入转速/(r/min)	3000
额定输出转速/(r/min)	8000/18000
最大盘车转速/(r/min)	14
最大传递功率/kW	1000
润滑要求/(L/min)	145

中间轴	
参　数	数　值
额定传递扭矩/N • m	2800
最大转速/(r/min)	18000
承受最大轴向推力/kN	±15
轴向移动距离/mm	±20
润滑要求/(L/min)	100

4. 润滑油系统的选定

在摆架、电机、齿轮箱和中间轴选定之后，依照其润滑要求即可选择各润滑油系统的参数。具体配置如表 7-5 所示。

表 7-5　润滑油系统配置

大气油系统	
参　数	数　值
低位油箱有效容积/m³	5
高位油箱有效容积/m³	1.5
气空间绝对压力	大气压

续表

螺杆油泵供油量/(L/min)	340
螺杆油泵公称压力/MPa	0.5
螺杆油泵转速/(r/min)	1450
螺杆油泵电动机功率/kW	7.5
真空油系统	
参　数	数　值
低位油箱有效容积/m³	6
高位油箱有效容积/m³	1.8
气空间绝对压力/Pa	133
螺杆油泵供油量/(L/min)	275
螺杆油泵公称压力/MPa	0.5
螺杆油泵转速/(r/min)	1450
螺杆油泵电动机功率/kW	5.5
顶轴油系统	
参　数	数　值
高压油泵供油量/(L/min)	21
公称压力/MPa	20

5. 抽真空系统的选定

在真空舱参数确定后，依照转子真空下转速的具体要求，选择抽真空系统。此处系统采用德国莱宝原装进口主抽真空泵组，确保 20 min 内使真空舱内真空度达到 266 Pa，并确保最高真空度小于 133 Pa。真空泵及放空均需进行降噪处理以达国家环保要求。具体配置如表 7-6 所示。

表 7-6　抽真空系统配置

主抽真空泵组	
参　数	数　值
抽气速率/(L/s)	1000
极限压力/Pa	50
动密封抽真空泵组	
抽气速率/(L/s)	2×150
极限压力/Pa	0.13

6. 配电系统的构成

在主体设备都确定后，根据各系统设备的容量，分配各单元的配电系统，辅机配电系统如图 7-3 所示。

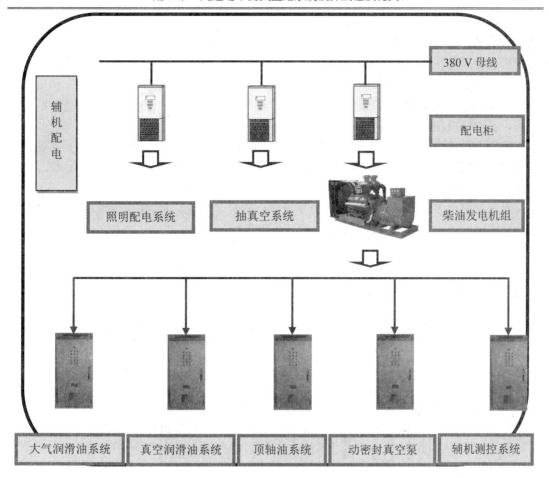

图 7-3　辅机配电系统

7. 测量控制系统的设计和 PLC、组态软件的设计编程

1) 测量控制系统的介绍

本试验站控制系统基于 S7-400CPU 和 ET200M 组成，采用 PROFIBUS 总线、工业以太网实现上位工控机、PLC、电机驱动系统之间的数据交换，完成对驱动设备装置和现场设备的逻辑控制及信号采集工作。CPU 及主机架安装在主控制柜中，ET200M 安装在控制室内，操作台上的信号就近接入 ET200M 上的模块。对于驱动器系统和测试台上监控点的信号，采用 ET200 远程 I/O 系统配置，将现场信号就近接入 ET200 远程 I/O 控制箱，ET200 远程 I/O 控制箱与 PLC 主 CPU 之间采用 PROFIBUS 连接，这样既满足了位置调整的需求，又减少了现场信号的接线量，维护更加方便。

人机界面系统和 PLC 系统通过 PROFIBUS 现场总线连接在一起，采集 PLC 系统中控制状态及测量值等数据，并完成状态监视、数据处理和储存打印等功能。

变频调速系统与 PLC 的远程分布 I/O 系统通过 PROFIBUS 相连，这样变频调速系统与数据采集系统就可实现统一控制、统一管理。同时，变频器中所有的电量及速度、转矩等实际数据均可加入到数据采集系统中，变频系统内部采用光纤进行精确同步。

测量控制系统可实现各种测试工艺，例如集成系统监控、数据采集、数据处理、曲线显示等功能。应用现场采集柜采集水循环、油润滑、齿轮箱的模拟量信号；通过通信与硬连线实现变频器控制、安全急停及电机的过电流、过电压、过载、超速、过温等保护，并通过 PROFIBUS 连接操作面板与主控计算机。

监控操作站采用 SIMATIC WINCC 制作人机界面，可实时、直观、清晰、动态地显示现场设备的模拟图、趋势图等各种界面。

操作人员可在界面上快捷灵活地选择工况，自由组态试验设备、被试设备，一旦确认，系统将自动巡检与该工况相应的外围设备。同时，界面还能设置试验系统各种参数，自动测试各种工况的试验数据，绘制曲线并做出相应判断。

系统能提供多种故障处理方式和报警管理，实时、准确、有效地对试验站被控对象的运行状态进行动态监视，并对设备故障进行报警保护。

2) 测量控制系统的设计

测量系统来源主要分为控制室数据采集、现场数据采集及变频器的数据采集 3 大类型。控制系统网络结构如图 7-4 所示。

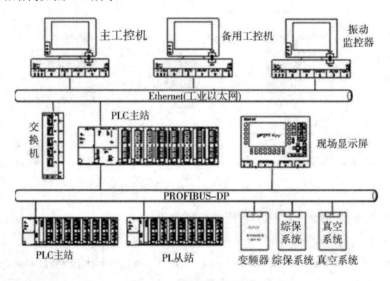

图 7-4　控制系统网络结构

PLC 中的 DI 是开关量输入模块，用于检测现场的开关的开断状态和电柜内器件(如断路器、接触器)的分合状态。

DO 是开关量输出模块，用于控制中间继电器，从而控制接触器，可用于电机的启停操作。

AI 是模拟量输入模块，分为 4~20 mA 和 PT100 信号，用于检测现场的压力、流量、温度，从而在上位机上显示现场的测量值。

AO 是模拟量输出模块，主要是 4~20 mA 输出，用于控制主电机的转速给定。

控制系统主要包括设备的控制和 I/O 点控制，设备的控制以一台油泵的启停为例进行说明，如图 7-5、图 7-6 所示。

电机一次回路器件包括 M302：1QF 空气开关、M302：1KM 交流接触器和 M302：1KH 热过载继电器。

电机控制二次回路器件包括 1FU 保险、1HK 远方就地选择开关、1SBR 就地停止按钮、1SBG 就地启动按钮和 1KA 故障连锁中间继电器。

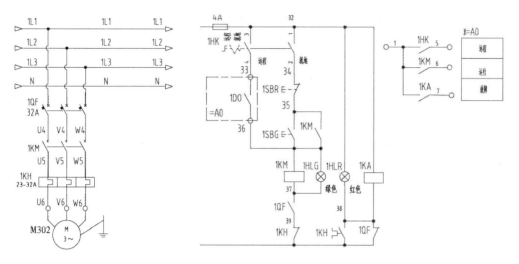

图 7-5　油泵的启停控制 1　　　　　　　　　图 7-6　油泵的启停控制 2

操作顺序为先闭合 1QF，再闭合 1FU；然后按要求选择 1HK 远方就地选择开关位置，当电机电源回路和控制回路正常送电后，即可进行操作。当选择为"就地"时，在电柜上进行操作；当选择为"远方"时，在操作室中的辅机计算机操作控制。

接入 PLC 的信号有远程/就地、运行、故障 DI 信号和控制接触器的 DO 信号。

I/O 点的控制主要包括开关量和模拟量的控制和数据采集。各种控制操作如图 7-7、图 7-8、图 7-9 所示。

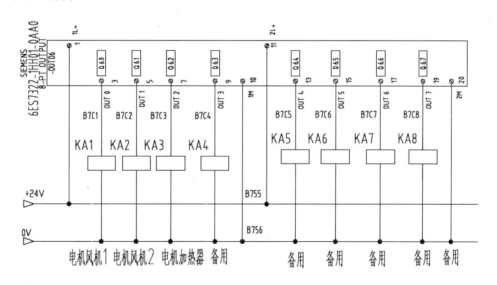

图 7-7　DO 配电控制输出

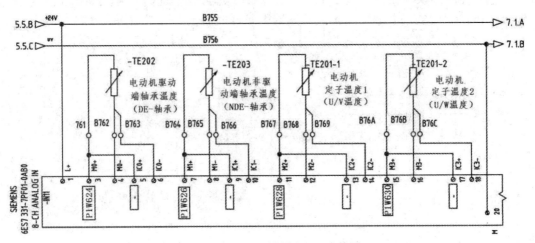

图 7-8　AI：PT100 铂热电阻温度检测

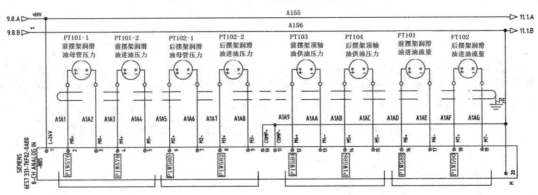

图 7-9　AI：4～20 mA 电流信号检测(硬件配置选择检测信号种类：电压 or 电流)

8. PLC、组态系统的设计和编程

1) PLC 硬件配置

当确定好 PLC 的网络组态图后，在 PLC 的编程软件 STEP 7 中进行硬件配置，如图 7-10 所示。

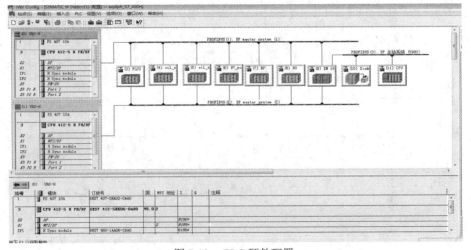

图 7-10　PLC 硬件配置

在硬件组态中完成对模拟量的参数整定。模拟量 4～20 mA 硬件配置(根据接入的模拟量类型选择 2 线制或是 4 线制)，如图 7-11、图 7-12 所示。

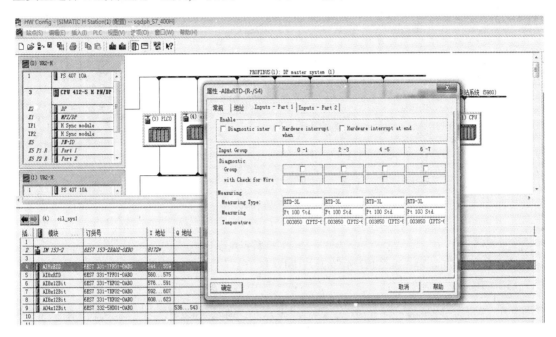

图 7-11　模拟量 PT100 硬件配置 1

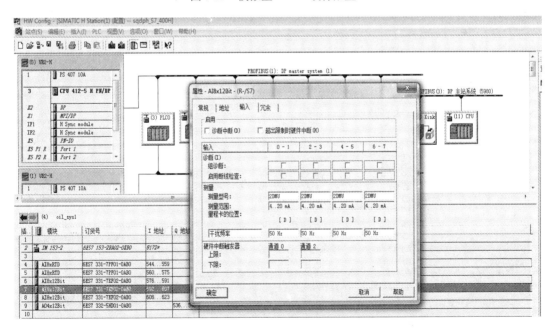

图 7-12　模拟量 PT100 硬件配置 2

2) PLC 的编程

S7-400 CPU 在编程时需加入各种组织块、功能块和数据块，如程序循环组织块 OB1、I/O 冗余故障 OB70、CPU 冗余故障 OB72、时间故障 OB80 等，如图 7-13 所示。

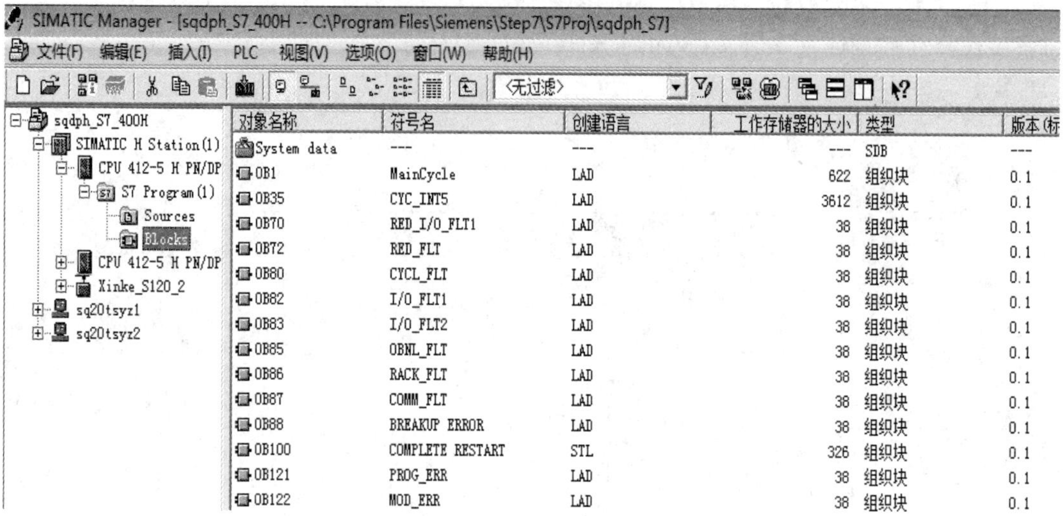

图 7-13　功能块和数据块设置

建立各种不同功能的 FC/FB 及数据块 DB，FC/FB 块需在 OB 中进行调用，如图 7-14、图 7-15 所示。

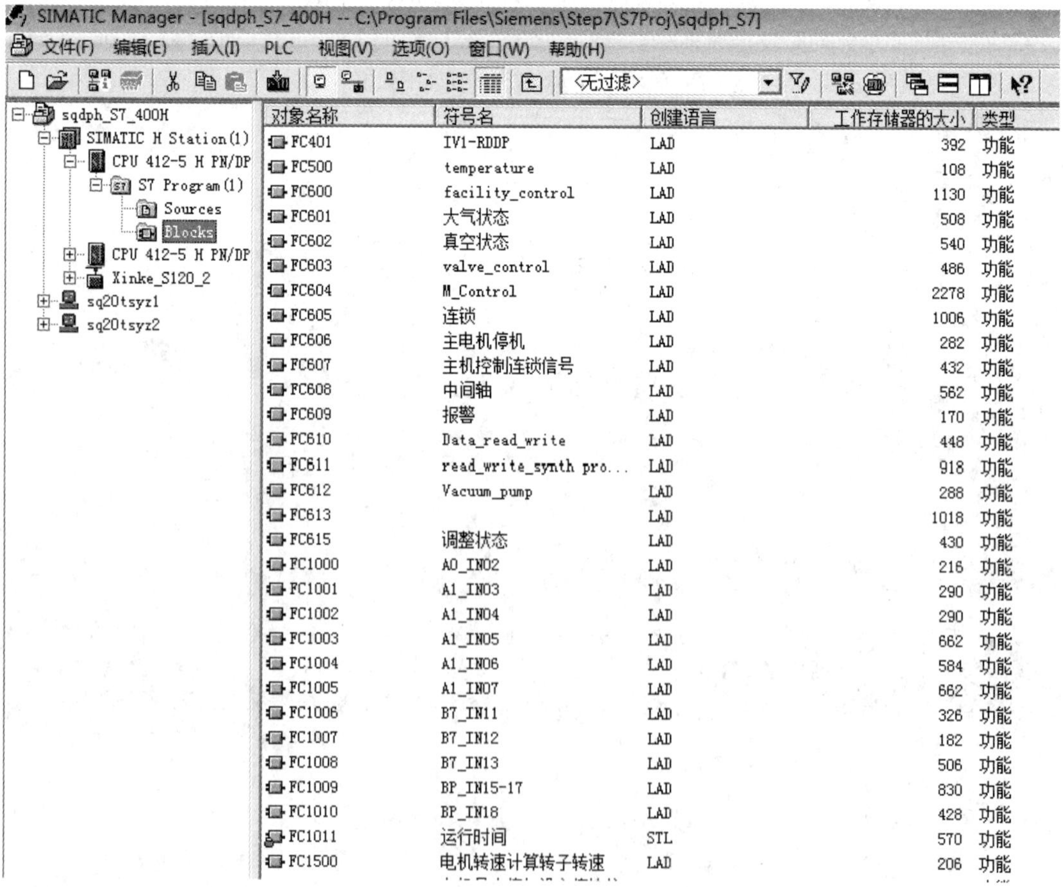

图 7-14　FC 功能建立

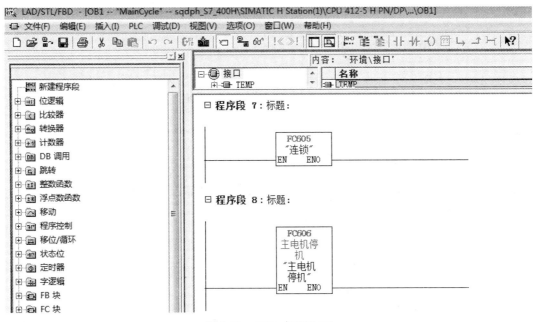

图 7-15 OB1 中调用 FC

在建立的 FC 功能中，按照设备控制的不同，FC 的具体功能也不同，设备控制 FC 如图 7-16 所示。

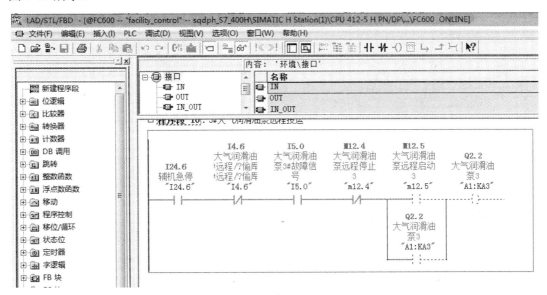

图 7-16 设备控制 FC

S7-300 PLC 未提供检测 PT100 程序的相应功能块，可单独设置一个 FC 用来检测 PT100，如图 7-17 所示。同时，可在其他 FC 中调用此功能 FC 用来检测 PT100 温度，如图 7-18 所示。

S7-300 PLC 提供了模拟量规范化的模块 FC105，PLC 把现场具有物理单位的工程量值经模/数转化后得到–276 482～+27 648 的数字量，再经过规范化后输出实际的工程量，如图 7-19 所示。

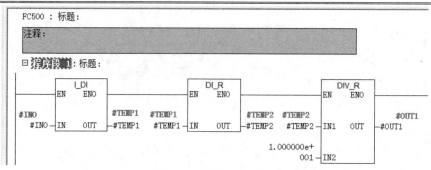

图 7-17　检测 PT100 温度

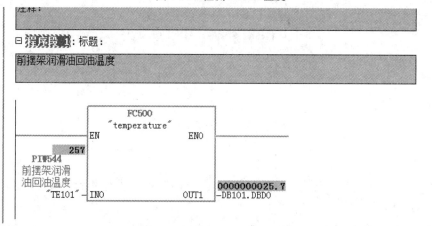

图 7-18　检测 PT100 程序的相应功能块

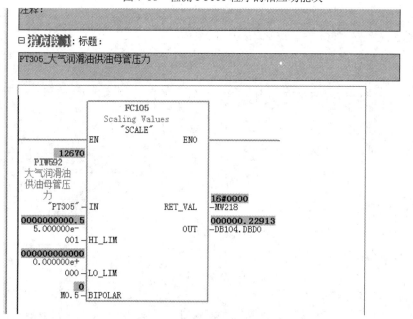

图 7-19　规范化后输出的实际工程量

　　在本例中,模拟量 4～20 mA 对应模拟量通道的转换值为 0～27648,对应的压力值为 0～0.5 MPa。在模拟量通道实际读取到的值为 12670,规范化后,得到实际的压力值 0.229 MPa。

3) 上位机 WinCC 编程

上位机在编程时，要和 PLC 的地址对应，如图 7-20 所示。

图 7-20　上位机 WinCC 编程

按照系统的流程图和控制逻辑编辑上位机的界面，最后即可形成系统组态界面。

7.3　系 统 调 试

在系统接线完成并查线后即可进行调试工作。调试分为两步，第一步是进行设备单体调试，第二步是进行系统联调。

1. 设备单体调试

设备单体调试分为动力就地调试，PLC 远程控制和采集调试。

1) 动力就地调试

(1) 主拖动电机就地调试。

① 前提：拖动电机的油路正常、管道已清洗干净，6.3 kV 高压电已正确送至高压柜，设备与设备之间的电缆绝缘良好。

② 检查高压柜到变压器、变压器到变频器、变频器到主电机的线缆接线是否正确，线缆标示是否准确清晰，检查设备的接地是否牢靠。

③ 分级送电。确认变压器与变频器之间的电缆断开，高压柜调至"就地"，按下"合闸"按钮，此时会听见高压柜内真空断路器合闸的声音。测量变压器输出端的输出电压是否在正常范围内，按下"分闸"按钮，此时会听见高压柜内真空断路器分闸的声音。在确认变压器放电完毕后，连接变压器和变频器之间的电缆，确认连接完毕，再次按下高压柜"合闸"按钮，测量变频器的输入电压是否在正常范围内。

④ 在拖动电机的油路开始循环后，启动电机顶轴油泵，在拖动电机两端轴承处安装百分表，通过调整拖动机前后轴承顶油进油开关开度，可调整进油量，直到百分表显示顶升高度大于 10 丝(0.1 mm)，则拖动机顶油成功。在变频器上手动启动主电机运行，转速设置为 10 Hz，运行 5 min，观察拖动机是否正常，记录拖动机电压、电流、功率、转速、频率、油温、振动等参数。逐步升速，每次增加 10 Hz 运行 5 min，记录各参数，直至拖动机接额定频率运行。拖动机调试完成后，联上齿轮箱、中间轴，再次启动拖动电机运行，运行至中间轴最高转速 18000 r/min，观察齿轮箱、中间轴的运行状况，记录齿轮箱、中间轴运行时的噪声、振动、温升等参数。

(2) 辅机就地调试。

① 油路的调试。在配电柜上把大气、真空油泵等控制状态调至"就地"，启动油泵，运行 1 s 后停止，在停止后观察油泵电机的运行方向，若方向不正确，更改油泵电机的接线即可。油泵运行正常后，调整油路分支的阀门，使得供给主电机、齿轮箱、中间轴及摆架的流量、压力满足该设备的要求。

② 真空的调试。在真空泵控制柜上把控制方式改成"就地"状态，关闭真空舱的大门和小门，启动真空泵，监控真空舱的真空度，直至真空舱的真空度达到极限后，观察真空舱的真空度是否小于等于 133 Pa，真空应抽到 133 Pa 才认为合格。关闭真空泵组，检查大门和小门的缝隙是否有漏气，如有，做好记录，真空试验完毕后进行必要的补漏。在真空泵组关闭后，启动动密封，观察真空舱的真空度是否能够保持。

2) PLC 远程控制和采集调试

(1) 动力回路的远程调试。

检查设备的故障信号、运行信号、远程就地信号在 PLC 及上位机上显示是否正确，检查 PLC 及上位机的控制信号到设备的控制回路是否正确，若这些参数都正确即可在上位机远程启动设备运行。

(2) PLC 采集部分调试。

PLC 采集部分是辅机测控系统的核心，在安装调试过程中，应严格按照相关步骤进行调试。

① 受电前要做好以下工作并检查无误：检查现场仪表安装焊接的质量；传感器量程的设定；仪表的供电电压是否正确；二线制/四线制的接线方式与 PLC 的组态是否一致；仪表、PLC 接地的检测；PLC 电源模块供电回路的检测；PLC 内部通信网络 PROFIBUS-DP/ETHERNET 的检测；I/O 通道的模拟测试。

② 受电后应对以下项目进行检测：初步检查就地二次仪表的显示是否正确；通过仪表的模拟量信号发生器，模拟实际工况，校验变送；

与 PLC 系统的数/模转换数据的正确性；变送器报警阈值的设定；与画面数值显示的校验；开启油泵，进行压力、流量的校验；I/O 通道再次校验；所有开关量、模拟量与 PLC 的校验。

2. 系统联调

在系统设备单体调试全部完成后即可进行系统的联调。

1) 主驱动电动机启动

(1) 大气低位油箱液位正常，允许主驱动电动机启动；液位低于下限则报警；液位低于 300 mm，不能开启油箱电加热器；液位高于上限则报警。低于 40℃开启电加热，高于 45℃关闭电加热。

(2) 真空低位油箱液位正常，允许主驱动电动机启动；液位低于下限则报警；液位低于 300 mm，不能开启油箱电加热器；液位高于上限则报警。

(3) 大气润滑油泵选用 2 台，一用一备，自动(远程)操作模式时，大气润滑油供油母管压力低于 0.05 MPa，备用油泵自动启动。例如(1#为备用)，远程状态时，若 2#泵发生故障，且主电机在运行状态，母管油压小于设定值，备用泵应能自动启动。大气润滑油泵开启前应打开大气润滑油供油电动阀。

(4) 真空润滑油泵选用 3 台，二用一备，自动(远程)操作模式时，真空润滑油供油母管压力低于 0.05 MPa，备用油泵自动启动。例如(1#为备用)，远程状态时，若 2#泵、3#泵中任何一台发生故障，且主电机在运行状态，母管油压小于设定值，备用泵应能自动启动；真空润滑油泵运行前要打开真空润滑油供油电动蝶阀。

(5) 电机顶轴油泵在开启前必须开启大气润滑油泵，主机启动后，电机转速大于 550 r/min 时自动停止电机顶轴油泵，小于等于 500 r/min 时自动启动电机顶轴油泵。

(6) 摆架顶轴油泵开启前必须开启真空润滑油泵，在自动状态下，主机启动后，转子转速达到 350 r/min 时，顶轴油泵自动停止；当转子转速下降到 300 r/min 以下时，顶轴油泵自动重新启动。

(7) 真空舱小门关闭到位，大门压紧开关，辅机及真空舱中急停按钮未按下时，真空放空阀关闭到位，允许真空泵组启动。

(8) 真空状态下主电机启动条件为：筒体真空度≥给定值；中间轴润滑油压正常；升速箱润滑油压正常；真空顶轴油油压正常；主电机顶轴油油压正常；紧急停机未按下；摆架(1，2) 油压正常；高位油箱液位正常；大气运行/真空运行/调整工况预选为真空状态；真空润滑油供油电动蝶阀开；大气润滑油供油电动蝶阀开；中间轴啮合脱开等。以上条件满足后才允许在真空状态下启动主电机。

(9) 大气状态下主电机启动条件为：主电机顶轴油油压正常，中间轴油压正常；升速箱润滑油压正常；真空顶轴油油压正常；紧急停机未按下；摆架(1，2) 油压正常；高位油箱液位正常；大气运行/真空运行/调整工况预选为大气状态；真空润滑油供油电动蝶阀开；大气润滑油供油电动蝶阀开；中间轴啮合脱开等。以上条件满足后才允许在大气状态下启动主电机。

(10) 导致主电机停机的状态包括：大气润滑油供油压力≤0.03 MPa；真空润滑供油压力≤0.03 MPa；变压器报警；真空泵组故障；摆架温度报警；齿轮箱温度报警；中间轴温度报警；主电机温度报警；紧急停机(按钮)等。

(11) 会发出计算机报警的状态包括：大气润滑供油压力≤0.05 MPa；真空润滑供油压力≤0.05 MPa；中间轴进油压力≤0.05 MPa；摆架进油压力≤0.05 MPa；齿轮箱回油温度≥65℃；中间轴回油温度≥65℃；左右摆架回油温度≥65℃；主电机定子温度≥110℃；主电机轴承温度≥80℃；中间轴轴承温度≥80℃；左右摆架轴承温度≥80℃；两个真空顶轴油泵出口压力≤16 MPa；两个油箱液位上下限报警等。

7.4　诊　　断

系统运行正常后，有时会因为其他原因引起设备故障等，下面列举一些常见的问题进行概述。

1. 数据上显示黄色问号。

当打开上位机 WinCC 画面，数据上显示黄色问号，一般由以下原因引起：

① PLC 控制系统是否断电。

② PLC 程序是否运行。

③ PLC 是否与网络断开。

④ 工控机是否与网络断开。

⑤ WinCC 与 PLC 通信是否正常。

2. 数据能够适时显示。

在一切都正常的情况下，所有数据都能够适时显示，如果不能远程控制其中一个设备，一般包括以下几个原因：

① 对应控制回路的转换开关是否在"远程"状态。

② 对应控制回路的断路器是否闭合。

③ 对应控制回路的热继电器是否保护，是否复位。

④ 工况选择是否正确。

⑤ 启动条件是否完全具备。

⑥ 连锁条件是否完全具备。

3. 一个数据显示超过传感器的最大量程。

有一个监视数据显示为超过该传感器的最大量程，其他大多数数据监视正确，一般包括以下原因：

① 对应传感器接线是否脱落或者松动。

② 对应传感器是否损坏。

③ 传感器对应的 AI 模块通道是否损坏。

④ 对应的 PROFIBUS-DP 分布式子站是否工作正常。

4. 有一部分监视数据显示超过传感器的最大量程。

有一部分监视数据显示为超过该传感器的最大量程，其他数据监视正确，一般包括以下原因：

① 传感器对应的 AI 模块是否损坏。

② 对应的 PROFIBUS-DP 分布式子站是否工作正常。

5. 总结。

高速动平衡试验站的设计和调试是一个多专业集成的系统工程，由多系统匹配、集成，各系统分项调试、总调试难度比较大，需要了解各分项系统的构成和原理，并考虑和各分项系统之间的通信和数据交换。

习　题

1. 高速动平衡机系统由哪些部分组成？各有什么功能？

2. SIMATIC WinCC 有什么特点？可以实现什么功能？

3. 本节中用到的高速动平衡机系统采用哪种型号的 PLC？有什么特点？

4. PT100 铂热电阻阻值如何变化？有什么特性？

第8章　总线在实际工程项目中的应用

本章通过以下几个实例来介绍 PROFIBUS 总线通信在实际工程中应用。

(1) 主站 S7-300 连接 ET200M PROFIBUS-ET200M。

(2) S7-300 和 S7-400 之间的 PROFIBUS-DP 之间的通信。

(3) S7-300、S7-400 和 S7-200 之间的 PROFIBUS-DP 之间的通信。

(4) SIEMENS HMI 和 PLC、驱动器之间如何通过 S7 路由实现项目传送通信。

本章中还参考了西门子工业自动化中相关的技术资料等。

8.1　主站 S7-300 连接 ET200M PROFIBUS-ET200M 应用

PROFIBUS 是过程现场总线(Process Field Bus)的缩写，于 1989 年正式成为现场总线的国际标准，在多种自动化的领域中占据主导地位。PROFIBUS 是目前国际上通用的现场总线标准之一，以其独特的技术特点、严格的认证规范、开放的标准、众多厂商的支持和不断发展的应用行规，已成为最重要的现场总线标准。其结构如图 8-1 所示。

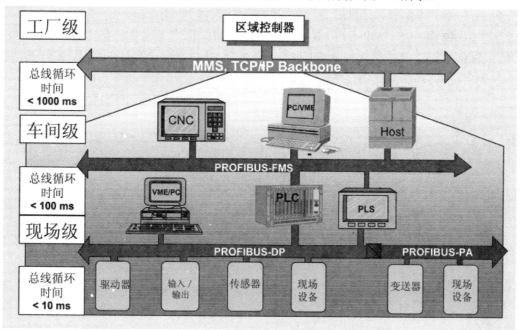

图 8-1　PROFIBUS 结构

下面以一些工程实例对 POROFIBUS-DP 工厂网络通信进行介绍。

由于现场控制电机及仪表距离主站 PLC 较远，所以选择分布式 I/O 连接，这样可以把各处电柜中需要控制的电机、模拟量和开关量I/O信号通过PROFIBUS现场总线连接起来，构成一个控制系统。

本例以主站 S7-300 连接 ET200M 为例。S7-300 为西门子公司的 PLC 模块，ET200M 为通信接口模块。

(1) 任意新建一个名为"fj"的项目，插入 S7-300 站，并完成硬件组态和 S7-300 定义，如图 8-2 所示。

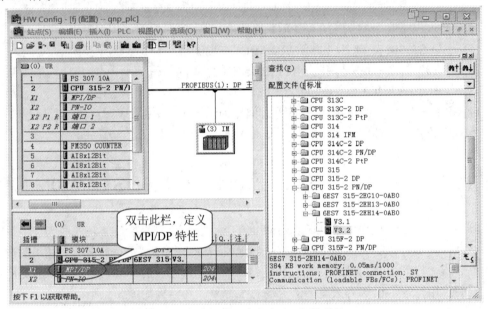

图 8-2　任意新建一个名为"fj"的项目

(2) 双击槽架中的"MPI/DP"项，出现"属性-MPI/DP"对话框，在"工作模式"标签中选定为 DP 主站。在"常规"标签中点击"属性"，可以更改主站的地址，如图 8-3 所示。

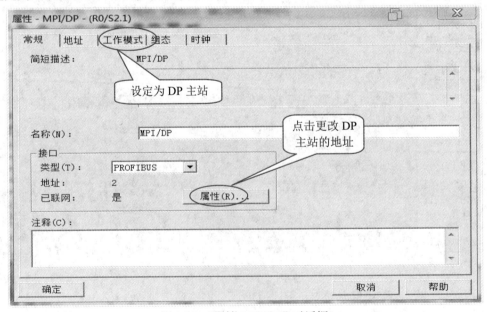

图 8-3　"属性-MPI/DP"对话框

(3) 在组态好的 DP 系统中挂上 ET200M 从站,同时会弹出"属性-PROFIBUS"对话框,此时可点击"取消"后,再设置 ET200M 的属性,如图 8-4 所示。

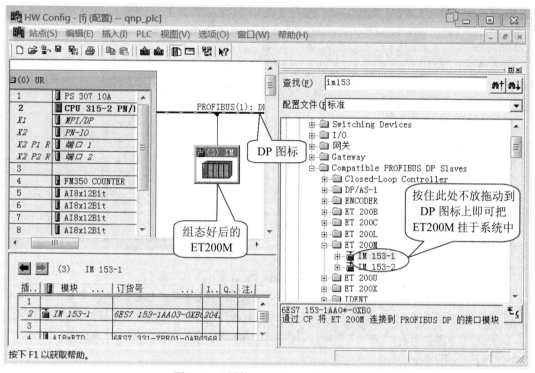

图 8-4 "属性-PROFIBUS"对话框

(4) 双击组态好的 ET200M 图标,会出现"DP 从站属性"对话框,如图 8-5 所示。

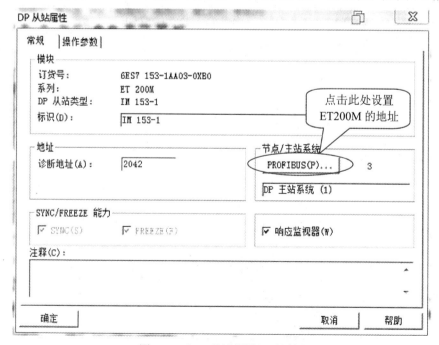

图 8-5 "DP 从站属性"对话框

(5) 点击图 8-5 中的"常规"标签，选择"节点/主站系统"中的"PROFIBUS(P)…"项，出现"属性-PROFIBUS 接口"对话框，在其"参数"标签中设定 ET200M 的地址(注意设定地址需和 ET200M 硬件上拨码数字相同，且不能和其他站冲突)，如图 8-6 所示。

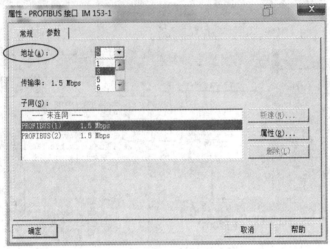

图 8-6 "属性-PROFIBUS 接口"对话框

(6) 组态 ET200M 的硬件 I/O。可以根据实际模块型号从"IM153-1""IM153-2"栏下进行硬件组态，例如：AI 是模拟量输入，DI/DO 是开关量输入/输出等。因为模块的型号很多不便查找，这时可在"查找"中输入硬件中插槽内对应的 PLC 模块实际型号，点击查找图标即可。如图 8-7 所示。

图 8-7 硬件组态模块选择

　　ET200M 中其输入地址是 PIW368-PIW383，若有其他的输入/输出模块，可根据实际
PLC 插槽内添加相应的模块。组态后的模块如图 8-8 所示。

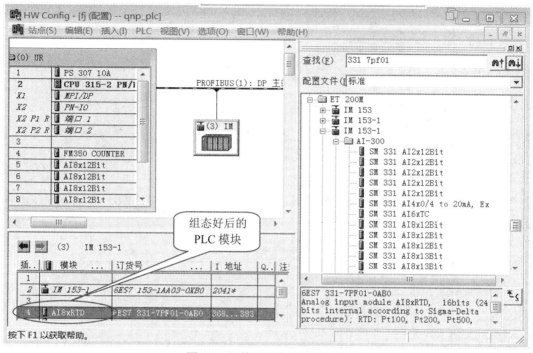

图 8-8　硬件组态模块选择完成

8.2　S7-300 和 S7-400 之间的 PROFIBUS-DP 通信

　　在实际现场控制中，经常存在多个不同单位控制不同子系统，再由通信网络把各个子
系统连接起来构成一个完整的控制系统。

　　本例以 S7-400 H 为主站，通过 PROFIBUS 连接从站 S7-300。一般对于这种情况，应
先配置从站。

　　(1) 建立"S7-300 从站"项目，插入 S7-300 站，再双击"硬件"，进入"HW
Config"(硬件组态)环境，如图 8-9 所示。

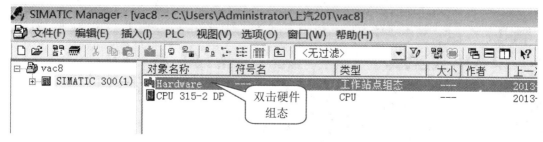

图 8-9　HW Config (硬件组态)环境

　　(2) 在硬件组态环境中，依次放入导轨、电源模块和 CPU 模块等，如图 8-10 所示。

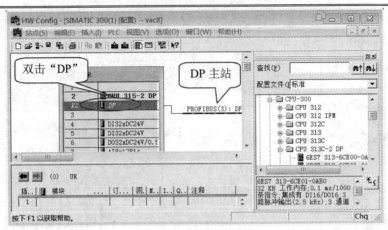

图 8-10　增加模块

(3) 在放入 CPU 模块时，会出现"属性-PROFIBUS 接口"对话框，也可以双击 DP 弹出"属性-DP"对话框，如图 8-11 所示。

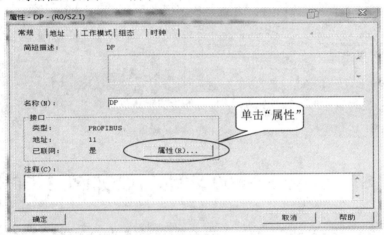

图 8-11　"属性-DP"对话框

(4) 在弹出的"属性-DP"对话框点击"常规"选项，选择"属性"按钮，选择 S7-300 从站的地址。点击"属性"可以修改传输的波特率，如图 8-12 所示。

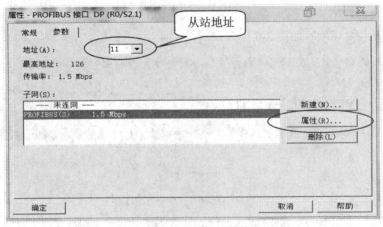

图 8-12　修改传输的波特率

(5) 此时，组态的 S7-300 系统还是 DP 主站系统。此时，可在“属性-DP”对话框的“工作模式”标签中选择“DP 从站”，如图 8-13 所示。

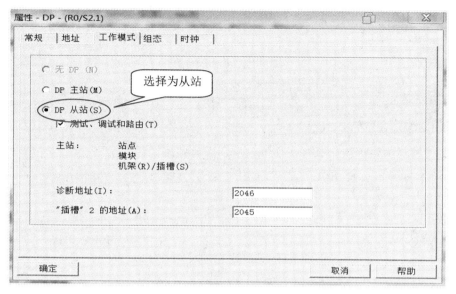

图 8-13   设置 DP 从站属性

(6) 组态为从站后的状态如图 8-14 所示。

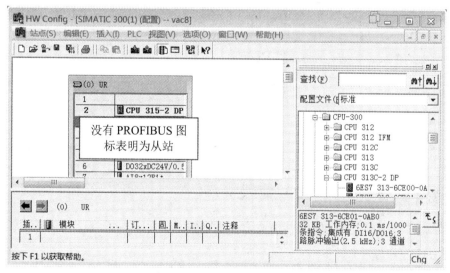

图 8-14   组态为从站后的状态

(7) 点击图 8-13“属性-DP”对话框中的“组态”标签，选择“新建”，设置组态 S7-300 的数据接收和发送区，如图 8-15 所示。

(8) 点击图 8-15 的下拉列表，选择组态 S7-300 的从站的输入/输出类型，设置传输的数据长度类型等，如图 8-16 所示。

(9) 从站组态完成后如图 8-17 所示，可以看出，从站 S7-300 的输入是 IW20，输出是 QW20。

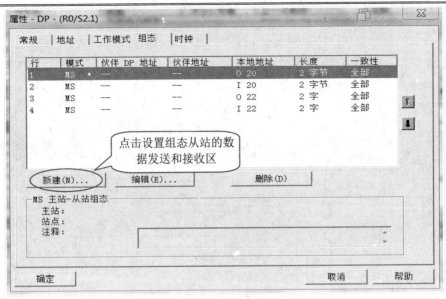

图 8-15　选择数据接收和发送区

图 8-16　设置传输的数据长度类型

图 8-17　从站组态完后图

以上从站已经组态完成，下面再组态主站。

(10) 在项目管理器中新建项目并插入 SIMATIC 400 H 站点，如图 8-18 所示。

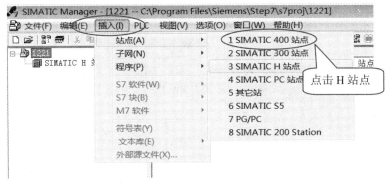

图 8-18　项目管理器

(11) 同样完成 S7-400H 的硬件组态。依次插入导轨、电源模块、CPU 模块，在插入 CPU 模块时，会自动弹出"属性-PROFIBUS"对话框，点击"取消"即可。组态完成后的界面如图 8-19～图 8-27 所示。

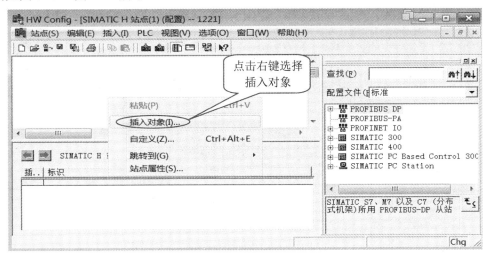

图 8-19　S7-400H 硬件组态 1

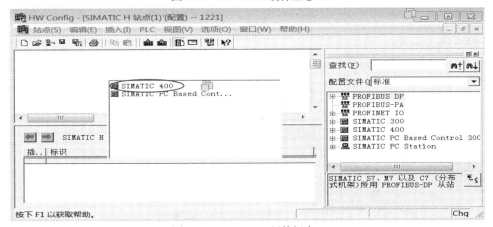

图 8-20　S7-400H 硬件组态 2

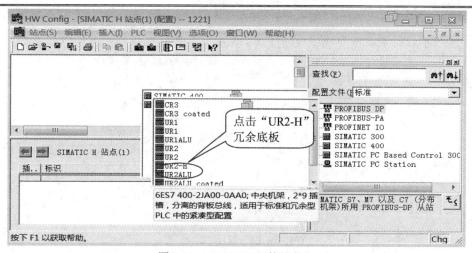

图 8-21　S7-400H 硬件组态 3

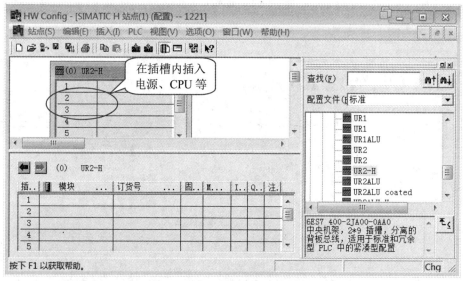

图 8-22　S7-400H 硬件组态 4

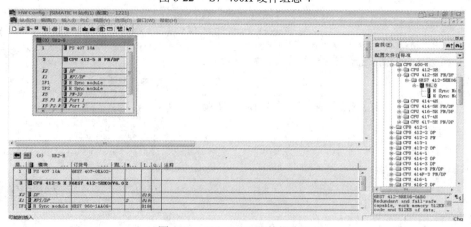

图 8-23　S7-400H 硬件组态 5

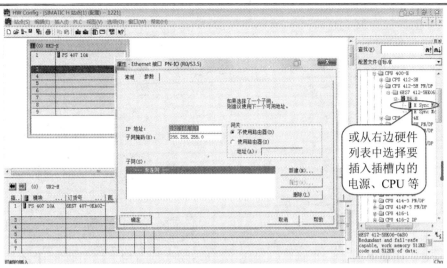

图 8-24　　S7-400H 硬件组态 6

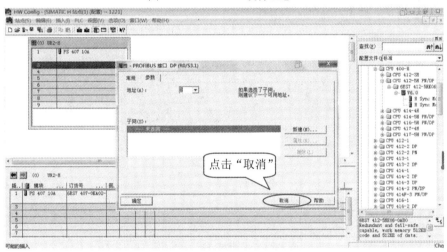

图 8-25　　S7-400H 硬件组态 7

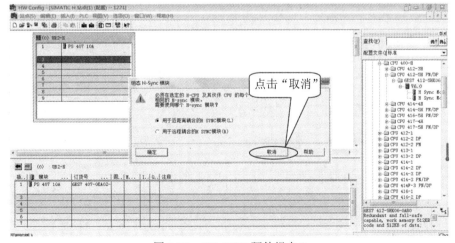

图 8-26　　S7-400H 硬件组态 8

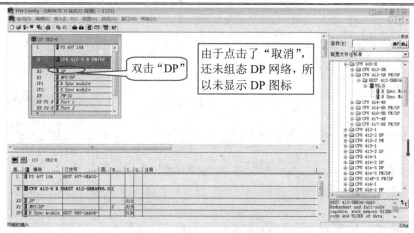

图 8-27　S7-400H 硬件组态 9

(12) 双击槽架中的"DP"项目，出现"属性-DP"对话框，如图 8-28 所示。

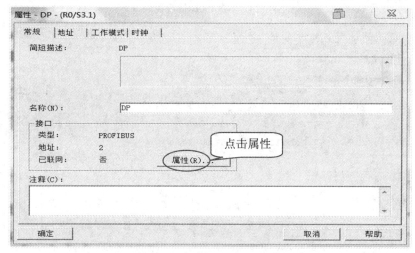

图 8-28　"属性-DP"对话框

(13) 点击"常规"标签中的"属性"按钮，在出现的"属性-PROFIBUS 接口 DP"对话框中设置 S7-400H 的站地址，如图 8-29 所示。

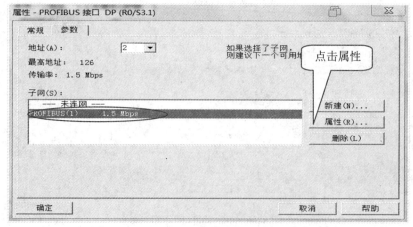

图 8-29　"属性-PROFIBUS 接口 DP"对话框

(14) 在子网的下拉列表中选中一项，再单击"新建"(选中"未连网"时)或"属性"
按钮，设置通信的传输率和配置文件(P)，如图 8-30 所示。

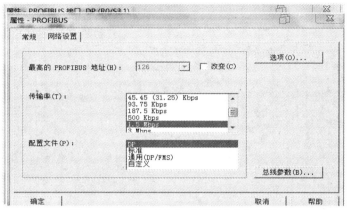

图 8-30　"波特率"和"配置文件"设置

(15) 连续点击两次"确定"，会重新回到图 8-28 的界面，点击标签"工作模式"，选
择 S7-400H 为"DP 主站"，如图 8-31 所示。

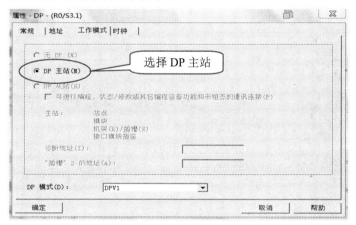

图 8-31　"工作模式"选择

(16) 由于组态好的主站只是一个 CPU，所以需配置成冗余 CPU。具体设置如图 8-32～
图 8-34 所示。

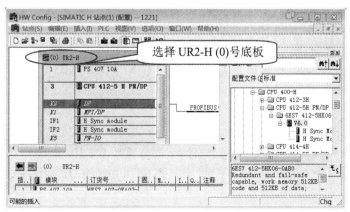

图 8-32　配置成冗余 CPU 1

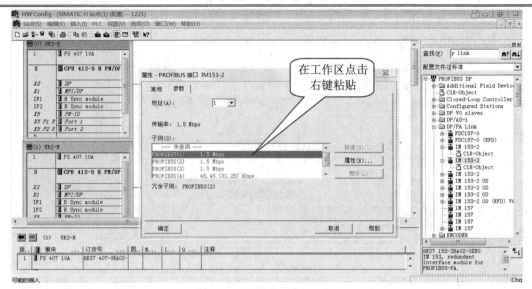

图 8-33　配置成冗余 CPU 2

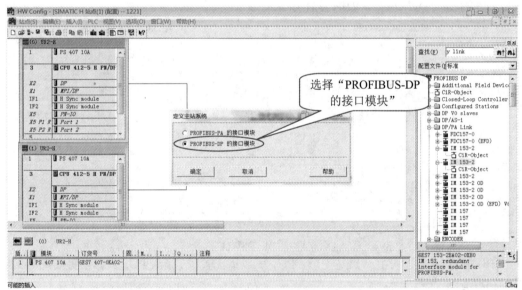

图 8-34　配置成冗余 CPU3

(17) 冗余 S7-400H PLC 和 S7-300 通过 PROFIBUS-DP 通信，所以冗余的两条 DP 总线应转换为一条 DP 总线，且要在冗余网络中插入 Y-LINK 接口模块，这样冗余 CPU 才可与单独 CPU 通信，否则只能是单个 S7-400 PLC 和 S7-300 通信，这样如果冗余 CPU 切换工作后，没有和 S7-300 作 PROFIBUS-DP 连接的 PLC 就会中断通信。组态好的主站如图 8-35 所示。

(18) 把从站 S7-300 挂于主站 S7-400H 网络上。由于图 8-36 右边硬件列表中起初不一定有 S7-300 的从站模块，需先在西门子官网下载并更新 S7-300 的硬件 GSD 文件。在出现从站的 CPU 模块后，才可把 S7-300 CPU 插入到 S7-400H 的 DP 网络中去，如图 8-36、图 8-37 所示。

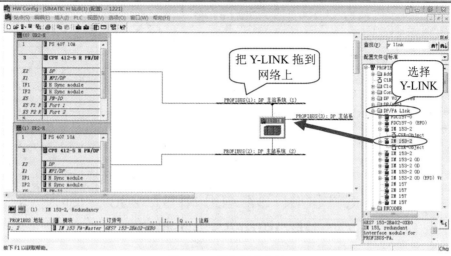

图 8-35 组态好的主站

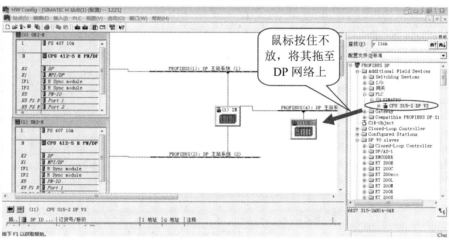

图 8-36 把从站 S7-300 挂于主站 S7-400H 网络上 1

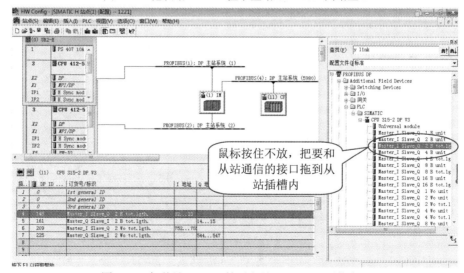

图 8-37 把从站 S7-300 挂于主站 S7-400H 网络上 2

S7-400H 主站和从站 S7-300 通信数据区的关系如下：

S7-4000H(主站)	S7-300(从站)
QW18	IW20
IW32	QW20
—	—

最后把组态好的编译存盘并下载到各自的 CPU 中，即可在主站和从站中通过交换数据区分别读取对方的数据。

8.3　S7-300、S7-400 和 S7-200 之间的PROFIBUS-DP 通信

本节介绍 S7-300、S7-400 和 S7-200 之间的 PROFIBUS-DP 通信，以 S7-300(CPU 315-2DP/PN)和 S7-200 PROFIBUS-DP 接口 EM277 通信为例。

(1) 点击"文件"→"新建…"或选择工具栏中的"新建"选项，出现"新建项目"对话框，建立一个名为"S7300-EM277"的项目，如图 8-38、图 8-39 所示。

图 8-38　文件新建

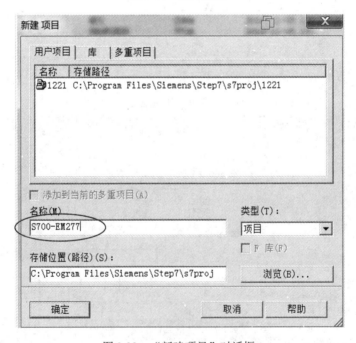

图 8-39　"新建项目"对话框

(2) 点击"插入"→"站点"→"SIMATIC 300 站点"，插入一个 S7-300 站，如图 8-40所示。

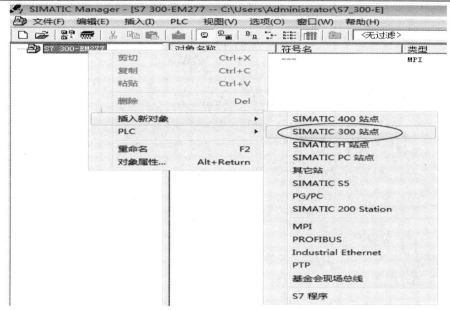

图 8-40　插入一个 S7-300 站

(3) 单击项目栏的"SIMATIC 300"或双击项目内容中的"SIMATIC300",会出现"硬件"选项,如图 8-41 所示。

图 8-41　"硬件"选择

(4) 双击"硬件"项目,出现"HW Config"(硬件组态)窗口,依次插入导轨(RACK－300)、电源模块(PS-300)和 CPU 模块(CPU-300),如图 8-42、图 8-43 所示。

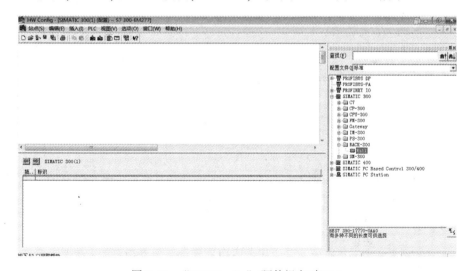

图 8-42　"HW Config"(硬件组态)窗口 1

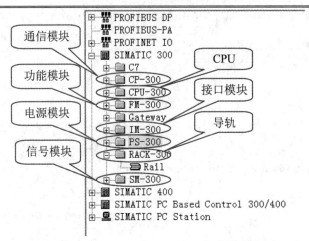

图 8-43　"HW Config"(硬件组态)窗口 2

(5) 在插入 CPU(CPU 315-2 PN/DP)时，会先出现 PROFINET 属性设置对话框，如图
8-44、图 8-45、图 8-46 所示。

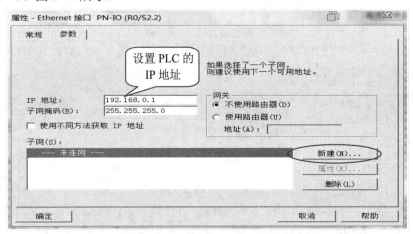

图 8-44　PROFINET 属性对话框 1

图 8-45　PROFINET 属性对话框 2

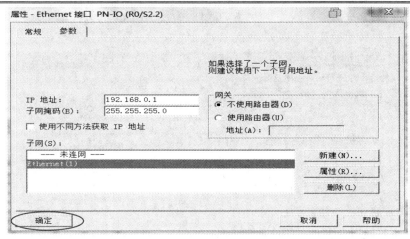

图 8-46　PROFINET 属性对话框 3

(6) 当配置完以太网(Ethernet PROFINET)后，再配置 PROFIBUS。双击"MPI/DP"网络，在弹出的对话框中选择"接口"→"类型"，在其下拉列表中选择 PROFIBUS 网络，如图 8-47、图 8-48 所示。

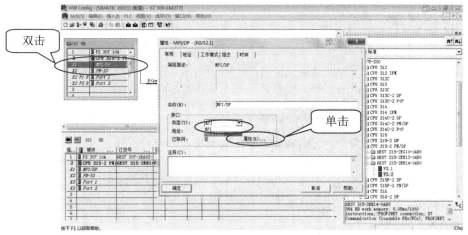

图 8-47　选择 PROFIBUS 网络 1

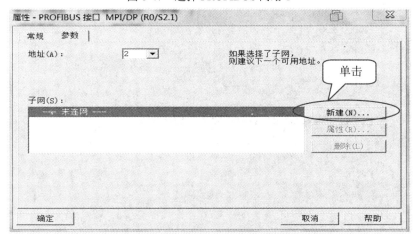

图 8-48　选择 PROFIBUS 网络 2

(7) 新建网络，点击"NEW"，出现"属性-新建子网 PROFIBUS"对话框，如图 8-49 所示。

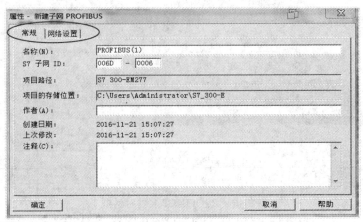

图 8-49　"属性-新建子网 PROFIBUS"对话框

(8) 点击标签"网络设置"，设置传输率及配置文件(P)，如图 8-50、图 8-51 所示。

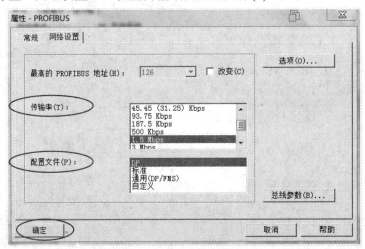

图 8-50　选择传输率及配置文件 1

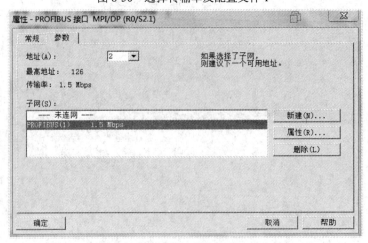

图 8-51　选择传输率及配置文件 2

(9) 点击"确定"后出现 CPU315-2PN/DP 网络组态好后的界面，如图 8-52 所示。

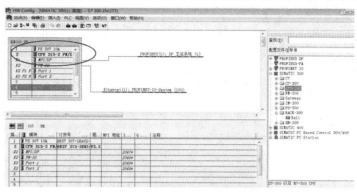

图 8-52　CPU315-2PN/DP 网络组态好后的界面

(10) 支持 PROFIBUS-DP 的第三方设备均自带 GSD 文件(通常以"＊GSD"或"＊GSE"文件名出现)，S7-300 和 S7-200 的通信需通过 EM277 PROFIBUS-DP 接口进行，则需安装 EM227 的 GSD 文件。点击 HW 窗口中的"选项"→"安装 GSD 文件"，如图 8-53 所示。

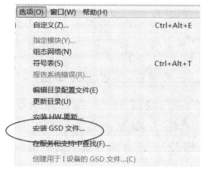

图 8-53　"安装 GSD 文件"界面

(11) 在出现的"安装 GSD 文件"对话框中，点击"浏览"选择 GSD 文件所在的目录，找到"SIEM089D.GSD"(EM277 的 GSD 文件)，或者从"安装 GSD 文件"下拉列表中选择已存在的 EM277 通信文件，点击"安装"，安装完成后，会出现安装完成对话框，如图 8-54 所示。点击"关闭"，即可关掉"安装 GSD 文件"对话框。

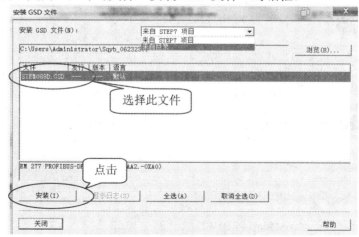

图 8-54　安装完成 GSD 文件

(12) 此时，在"HW Config 界面"右边"PROFIBUS-DP"栏中会显示刚才加进去的设备名称，如图 8-55 所示。

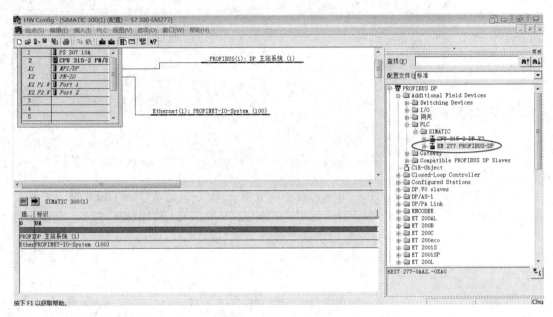

图 8-55　显示增加的设备

(13) 将 EM277 挂于 PROFIBUS 总线上，如图 8-56 所示。

(14) 双击图 8-56 中的 EM277 图标，出现"属性-DP 从站"设定对话框，点击"PROFIBUS…"按钮，设定 EM277 的地址(注意设定的地址必须和 EM277 的拨码开关相一致)，如图 8-57 所示。

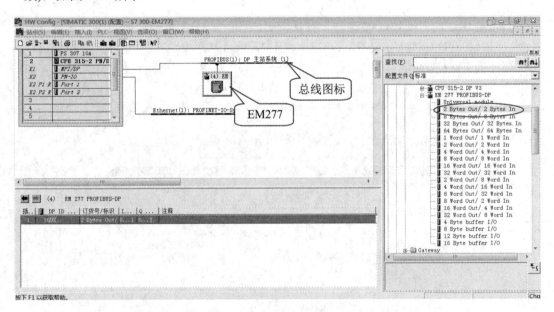

图 8-56　将 EM277 挂于 PROFIBUS 总线上

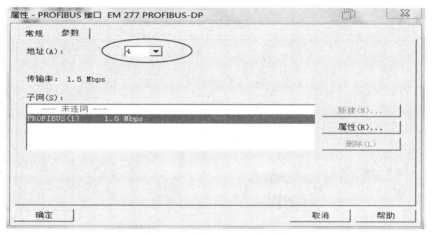

图 8-57　设定 EM277 的地址

(15) 定义 EM277 通信为 2 字节输出/2 字节输入，如图 8-58 所示。

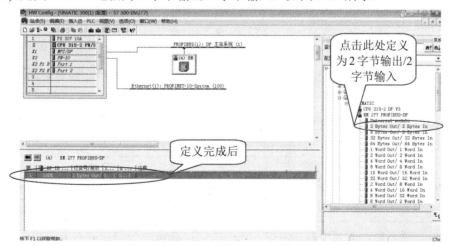

图 8-58　定义 EM277 通信

(16) EM277 输入为 IW0，输出为 QW0，对应于 S7-200 的 V 区，占用 4 个字节，前两个字节为输入，后两个字节为输出。然后设定 V 区的偏移量。双击组态后的 EM277 图标，出现图 8-57 中的"属性-DP 从站"界面，点击"分配参数"选项，设定 S7-200 中 V 区的偏移量为"100"，如图 8-59、图 8-60 所示。

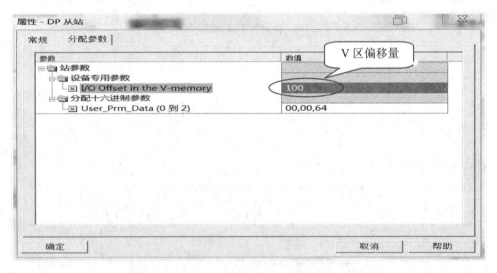

图 8-59　设定 S7-200 中 V 区的偏移量 1

图 8-60　设定 S7-200 中 V 区的偏移量 2

由于 V 区偏移量设定为 100，则 S7-200 中的 VW100 为接收区，VW102 为发送区。S7-300 主站和 S7-200 从站发送接收区的对应关系如下：

S7-300	S7-200
QW0	VW100
IW0	VW102

经过以上组态后，即可根据需要在 S7-300 和 S7-200 中分别读取对方的数据。

8.4　SIEMENS HMI 和 PLC、驱动器之间通过 S7 路由实现项目传送的通信

1. S7 路由简介

在自动化项目的调试过程中，往往需要反复下载程序对 PLC 和操作面板进行调试，如果可以在不同子网间传送项目，将大大减少调试时间，缩短项目周期。例如，组态计算机与 PLC 通过以太网进行通信，而 PLC 与面板通过 PROFIBUS 电缆进行 DP 通信或 MPI 通信，那么如何在不改变接线的情况下直接为面板下载程序呢？这就需要用到 WinCC flexible 的 S7 路由传送功能。

WinCC flexible 支持将 WinCC flexible 项目从组态计算机下载到不同子网中的 HMI 设备上。要在不同子网间建立连接，必须插入路由器，在这种情况下，如果 SIMATIC 站具有合适的可以连接到不同子网的接口，就可以用作路由器。用于在子网间建立网关的具有通信功能的模块(CPU 或 CP)还必须具有路由功能。要传送项目，则必须将组态 WinCC flexible 项目的 PC 站连接到 MPI 总线、PROFIBUS 或以太网，还必须将接收传送项目的 HMI 设备连接到 MPI 总线、PROFIBUS 或以太网。

2. S7 路由的注意事项

使用 S7 路由的传送功能需注意相关的操作事项。

(1) 路由传送仅支持在 STEP7 中集成的 WinCC flexible 项目。

(2) 网络结构(例如，连接到网络上的设备和使用的子网)一定要由 NetPro 进行组态，并且至少需要安装 STEP7 V5.3+SP2。

(3) 组态 PC 和 HMI 设备必须连接到 MPI、PROFIBUS、以太网 3 种网络之一。

(4) 如果 WinCC flexible Runtime 已激活站管理器功能，将无法实现路由传送功能；不能使用 S7 路由功能进行 OS 更新或者恢复出厂设置。

(5) 如果使用 MPI/PROFIBUS 的方式进行路由，传送模式必须选择 MPI/DP；如果使用带有以太网的路由方式，传送模式必须选择 S7Ethernet；如果未显示路由的设置，系统将无法识别连续的路由连接，则需检查相关站的设置和网络地址。

(6) 具有路由功能的模块信息可参考 SIEMENS 技术支持文档。

(7) WinCC flexible 2005 后的版本支持 MPI/PROFIBUS 的路由传输，即组态 PC 必须是 MPI 或 PROFIBUS，HMI 设备也必须是 PROFIBUS 或 MPI。

(8) OP 73、OP 73micro、OP 77A、TP177A 和 TP 177micro 不支持用于项目传送的 S7 路由。

(9) WinCC flexible 2008 后的版本支持带有以太网的 S7 路由，支持的 HMI 设备包括 TP177B 4、Mobile Panel 277、MP177 / 277 / 377、WinCC flexible Runtime。

(10) 关于各种面板的传送设置可参阅相关的其他文档，例如"MP277 西门子面板下载手册"(http://support.automation.siemens.com/CN/view/zh/77951027)，"xP117x(不含 TP177micro)各种下载方法参考手册" http://support.automation.siemens.com/CN/view/zh/ 79552940)，"OP7x

西门子面板下载手册"(https://support.industry.siemens.com/cs/document/ 79551985)。

3. 从 PROFIBUS 到 MPI 路由传送

(1) 新建一个 STEP 项目，并插入"SIMATIC HMI Station"，如图 8-61 所示。

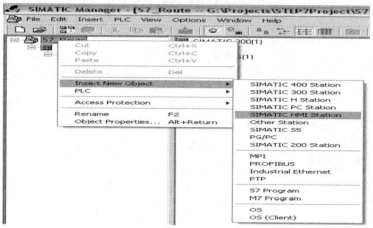

(a) 英文版

(b) 中文版

图 8-61　新建一个 STEP 项目

(2) 选择相应的设备类型，如图 8-62 所示。

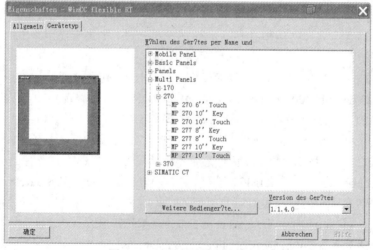

图 8-62　选择相应的设备类型

(3) 在 STEP7 中插入一个"PG/PC",如图 8-63。

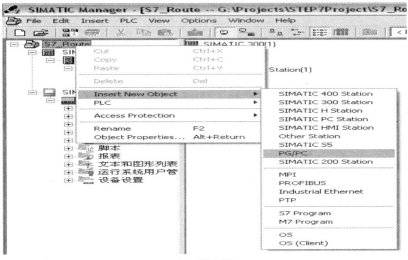

(a) 英文版

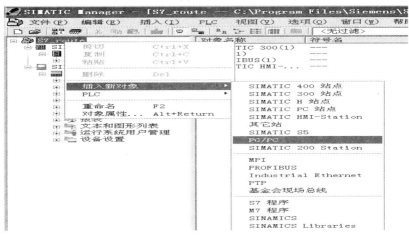

(b) 中文版

图 8-63 STEP7 中插入一个"PG/PC"

(4) 更改 SIMATIC HMI Station 的硬件配置,将其挂在 MPI 网络上,设定面板的 MPI 地址为"1",波特率为"187.5 kbps",如图 8-64 所示。

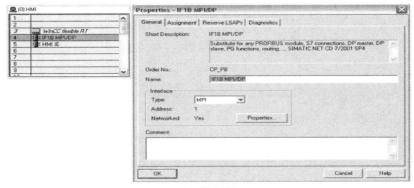

(a) 英文版

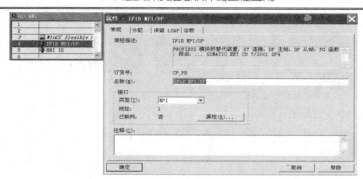

(b) 中文版

图 8-64　更改 SIMATIC HMI Station 的硬件配置

(5) 打开 NetPro(组态网络)，双击 "PG/PC"，选择 "Interfaces" 选项卡，点击 "新建" 按钮，选择 "PROFIBUS"，点击 "OK" 按钮，如图 8-65 所示。

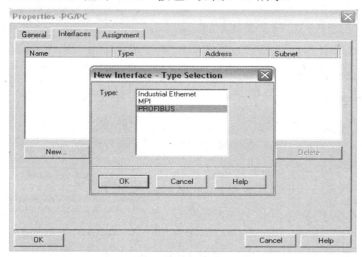

(a) 英文版

(b) 中文版

图 8-65　打开 NetPro(组态网络)

(6) 选择图 8-65 界面的 "Assignment"（分配）选项卡，在 "Configured Interfaces" 中选中 "PROFIBUS interface"，点击 "Assign"（分配）按钮，在 "Assigned"（分配）列表中可以看到刚刚分配的 "PROFIBUS interface"，如图 8-66 所示。

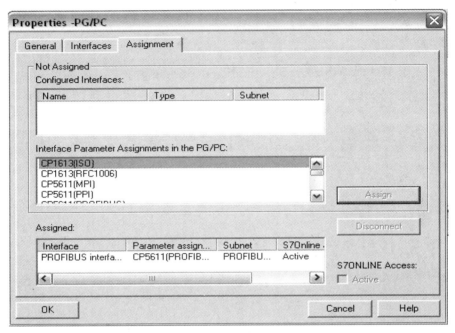

(a) 英文版

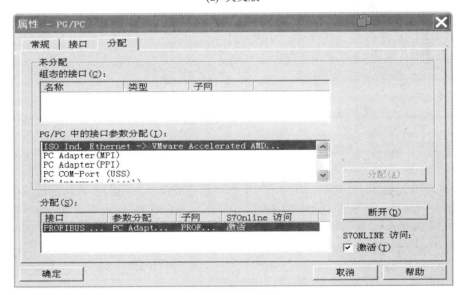

(b) 中文版

图 8-66　查看分配的 "PROFIBUS Interface"

(7) 点击 "OK" 按钮后会看到 PG/PC 接口已经改变的提示框，继续点击 "OK" 关闭 PG/PC 的组态界面，如图 8-67 所示。

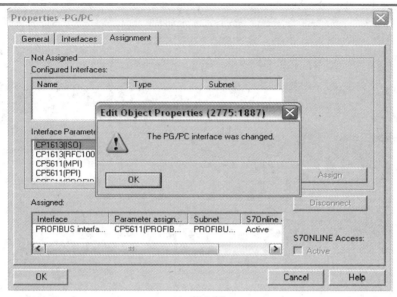

(a) 英文版

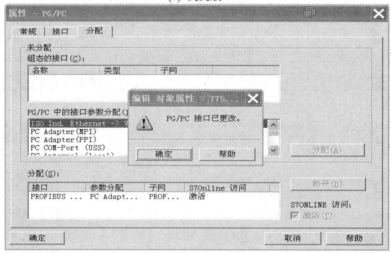

(b) 中文版

图 8-67　PG/PC 接口已经改变的提示框

(8) 此时可以看到 PG/PC 中有一个向上的黄颜色箭头，如果没有黄颜色箭头，请重新检查 PG/PC 的属性组态界面，如图 8-68 所示。

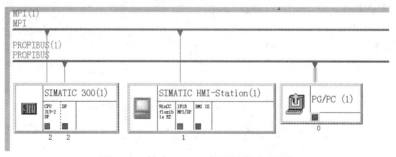

图 8-68　检查 PG/PC 的属性组态界面

(9) 右键点击"WinCC flexible RT"选择"Open Object",打开 WinCC flexible 项目,
如图 8-69 所示。

图 8-69　打开 WinCC flexible 项目

(10) 在传送设置界面,选择模式为"MPI/DP",勾选"启用路由"复选框。此时可以
看到路由的过程为由地址为 2 的 PROFIBUS 网络路由到地址为 1 的 MPI 网络;如果选择了
"MPI/DP"的模式,但是不能看到"启用路由"的复选框,请检查之前的组态过程。传送
设置界面如图 8-70 所示。

图 8-70　传送设置界面

4. 从 MPI 到 PROFIBUS

从 MPI 到 PROFIBUS 路由传送的组态过程可参考 8.4 章节的内容,不同的是需要将
PG/PC 组态成 MPI 接口,如图 8-71 所示。

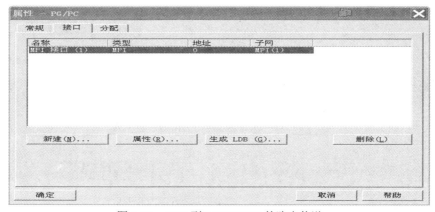

图 8-71　MPI 到 PROFIBUS 的路由传送

同样要将组态好的 MPI Interface 进行分配操作，如图 8-72 所示。

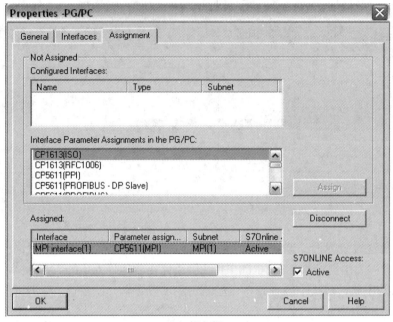

(a) 英文版

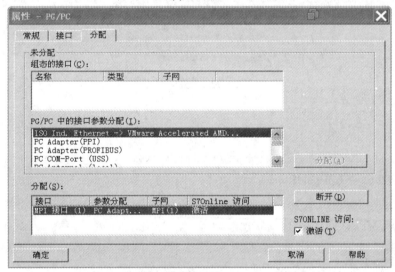

(b) 中文版

图 8-72　将组态好的 MPI Interface 进行分配操作

组态好的 NetPro 如图 8-73 所示。

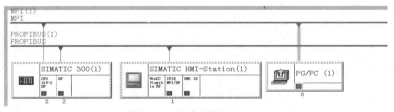

图 8-73　组态好的 NetPro

在 WinCC flexible 的传送设置中同样选择"MPI/DP"模式，勾选"启用路由"复选框，路由方式为从地址为 2 的 MPI 网络路由到地址为 1 的 PROFIBUS 网络，如图 8-74 所示。

图 8-74　从地址为 2 的 MPI 网络路由到地址为 1 的 PROFIBUS 网络

5. 从以太网到 MPI/PROFIBUS 的路由传送

(1) 创建一个名为"Ethernet_Route_MPI DP"的 STEP7 项目，组态硬件设备，插入 DP 网和以太网，DP 的地址为 2，通信速率为 1.5 M 波特，以太网的 IP 地址为 192.168.0.10.，如图 8-75 所示。

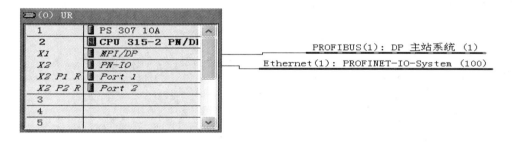

图 8-75　创建一个名为"Ethernet_Route_MPI DP"的 STEP7 项目

(2) 将硬件组态进行下载，打开 NetPro，插入 PG/PC 和 SIMATIC HMI-Station，设备类型选择"MP277 10Touch"。将 MP277 的 1F1B 口挂入 DP 网，设置其 DP 地址为 3，如图 8-76 所示。

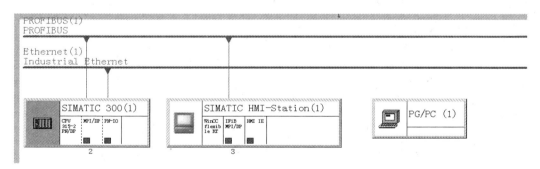

图 8-76　插入 PG/PC 和 SIMATIC-HMI Station

(3) 双击"PG/PC"，打开其"属性"对话框，选择"接口"选项卡，单击"新建"按钮，在弹出的对话框中选择"Industrial Ethernet"，单击"OK"按钮，如图 8-77 所示。

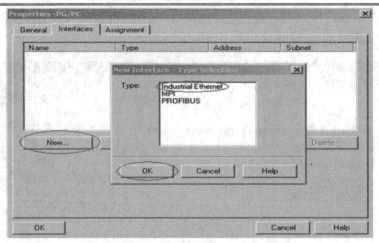

(a) 英文版

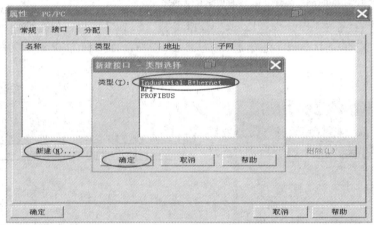

(b) 中文版

图 8-77　选择"接口"选项卡

(4) 在弹出的参数设置对话框中，取消使用 ISO 协议的选项，选中"Ethernet(1)"，将 IP 地址设置成本地计算机的 IP 地址，单击"OK"按钮，如图 8-78 所示。

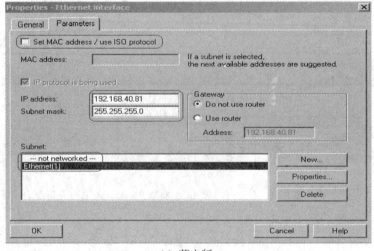

(a) 英文版

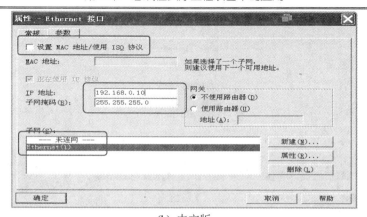

(b) 中文版

图 8-78 将 IP 地址设置成本地计算机的 IP 地址

(5) 选择"Assignment"选项卡，在接口参数分配列表中选择实际使用的硬件设备，单击右侧的分配按钮，然后单击"OK"按钮，完成对 PG/PC 的组态，如图 8-79 所示。

(6) 此时，可以在 NetPro 中看到 PG/PC 上有一个向上的黄色箭头，如图 8-80 所示。注意：只有生成这样的箭头才能完成路由功能；如果没有这样的箭头，可以打开先前设置的分配接口界面，查看接口是否被激活，如图 8-81 所示。

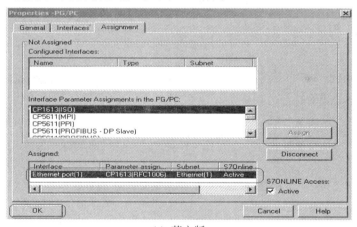

(a) 英文版

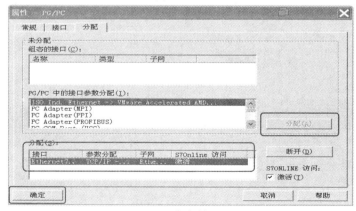

(b) 中文版

图 8-79 选择"Assignment"选项卡

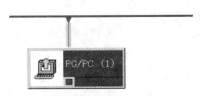

图 8-80　在 NetPro 中看到 PG/PC 上有一个向上的黄色箭头

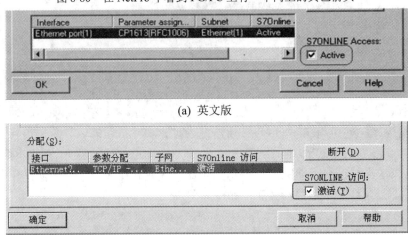

(a) 英文版

(b) 中文版

图 8-81　查看接口是否被激活

(7) 编译 NetPro 并作相应组态的下载，打开 WinCC flexible 的运行系统，如图 8-82 所示。

(8) WinCC flexible 打开后，要稍微等待一段时间，直至输出窗口显示已完成和 STEP 7 的同步，如图 8-83 所示。

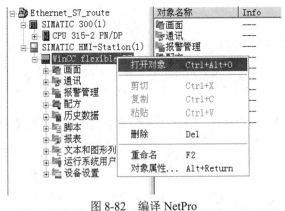

图 8-82　编译 NetPro

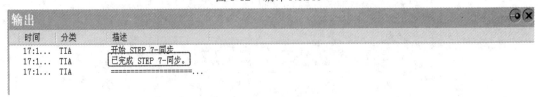

图 8-8　同步 NetPro

(9) 双击主界面左侧项目树的"连接"，可以看到系统建立的通信连接，默认下次连接是关闭的，需将其激活，如图 8-84 所示。

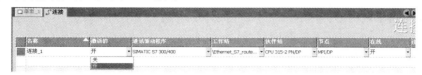

图 8-84　打开 NetPro

(10) 打开传送设置对话框，模式选择"S7Ethernet"，勾选左下角的"启用路由"复选框，右侧即可显示路由的路径，如图 8-85 所示。

图 8-85　路由的路径显示

(11) 点击"传送"按钮进行项目传送，如图 8-86、图 8-87 所示。在 HMI 传送中设置，首先，取消勾选 Channel 1：的"Enable Channel"和"Remote Control"。否则无法激活 MPI/DP 下载通道。图 8-87 中显示的即为激活了通道 2 的 MPI/DP 通道。

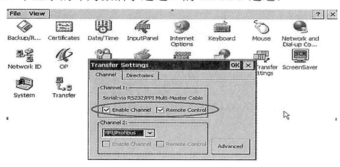

图 8-86　项目传送(Channel 1)

图 8-87　项目传送(Channel 2)

6. MPI/DP 到以太网

MPI/DP 到以太网路由传送的组态过程可参考 7.4 章节，不同的是需要按图 8-88 和图 8-89 组态 NetPro 和组态传送进行设置。

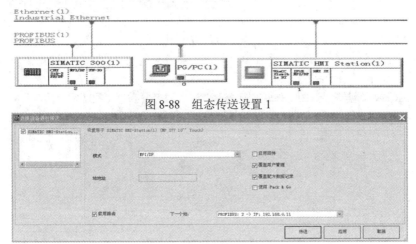

图 8-88　组态传送设置 1

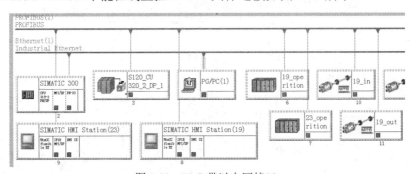

图 8-89　组态传送设置 2

由于 PLC 带以太网接口，若按上述方法配置 PC 或者上位机，则可通过 TCP/IP 把设置、修改的画面传送到 HMI，也可用 Starter 等软件在线修改、监控伺服驱动器 S120、变频器等，但是 WinCC flexible 不能在线监控 HMI。具体连接如图 8-90 所示。

图 8-90　PLC 带以太网接口

当使用 S7 路由的传送方式支持 Remote Control 的功能时，工程调试人员在控制室内即可完成对现场面板组态的传送以及对远程驱动器、变频器的参数的设置修改和监控。但是要使用带有以太网的路由传送时，由于 S7Ethernet 无法使用 ProSave 进行相关传送，所以 S7 路由的传送方式并不支持 WinCC flexible 项目的备份、恢复、OS 更新以及恢复出厂设置操作。

习　　题

1. PROFIBUS-DP 通信有什么特点？主要用在什么场合？
2. 完成主站 CPU 315-2PN/DP 与 ET 200M 之间的 PROFIBUS-DP 通信编程。
3. 完成 S7-300 和 S7-200 之间的 PROFIBUS-DP 的通信编程。
4. S7 路由在自动化项目调试过程有什么作用？

参 考 文 献

[1] 西门子公司. S7-300CPU31×C 技术功能操作说明. 2008.

[2] 廖常初. S7-300/400PLC 应用技术[M]. 2 版. 北京：机械工业出版社，2008.

[3] 侍寿永. S7-300 PLC、变频器与触摸屏综合应用教程[M]. 北京：机械工业出版社，2015.

[4] Siemens AG. Getting Started of S7-PLCSIM. 2008.

[5] Siemens AG. WinCC V7.0 SP1 System Manual. 2008.

[6] 甄立东. 西门子 WinCC V7 基础与应用[M]. 北京：机械工业出版社，2011.

[7] 向晓汉. 西门子 WinCC V7 从入门到提高[M]. 北京：机械工业出版社，2012.

[8] 姜建芳. 西门子 WinCC 组态软件工程应用技术[M]. 北京：机械工业出版社，2015.

[9] 西门子公司. TP177B 触摸屏操作说明. 2012.

[10] 西门子公司. RS 485 中继器设备手册. 2011.

[11] PROFIBUS 技术和应用. https://www.profibus.com/pall/meta/downloads/article.

[12] 姜建芳. 西门子工业通信工程应用技术[M]. 北京：机械工业出版社，2016.

[13] 西门子公司. SIMATIC 与 SIMATIC 通讯系统手册. 2006.